高 等 职 业 教 育 教 材

化学分析
基本操作技术

彭 杨 高学鹏 主编

化 学 工 业 出 版 社

·北 京·

内 容 简 介

《化学分析基本操作技术》共分为 8 个项目：走进化学分析实验室、物质的称量、溶液的配制、滴定操作、恒重操作、容量分析实例、重量分析实例及扩展实训，包含化学分析检测人员应具备的最基本知识和最基本技能，从简单操作到复杂操作，从单项技能到综合技能，由浅入深，循序渐进。全书配套数字资源，方便课堂教学及学生自学。

本书适合高等职业院校分析检验技术专业及其他涉及分析检验的专业教学使用，也可供从事检验检测工作的人员参考。

图书在版编目（CIP）数据

化学分析基本操作技术/彭杨，高学鹏主编 . —北京：化学工业出版社，2023.8

ISBN 978-7-122-44082-2

Ⅰ.①化… Ⅱ.①彭…②高… Ⅲ.①化学分析-教材 Ⅳ.①O652

中国国家版本馆 CIP 数据核字（2023）第 160913 号

责任编辑：刘心怡 蔡洪伟　　　　　　　文字编辑：毕梅芳 师明远
责任校对：李 爽　　　　　　　　　　　装帧设计：关 飞

出版发行：化学工业出版社（北京市东城区青年湖南街 13 号　邮政编码 100011）
印　　装：中煤（北京）印务有限公司
787mm×1092mm　1/16　印张 8　字数 195 千字　2024 年 6 月北京第 1 版第 1 次印刷

购书咨询：010-64518888　　　　　　　　售后服务：010-64518899
网　　址：http://www.cip.com.cn
凡购买本书，如有缺损质量问题，本社销售中心负责调换。

定　　价：29.80 元

前言

党的二十大报告指出，教育、科技、人才是全面建设社会主义现代化国家的基础性、战略性支撑。分析检验是科学研究的"参谋"、工农业生产的"眼睛"，在新时代中国特色社会主义建设进程中起着重要的作用。

化学分析是分析检验的一个重要分支，化学分析操作是高素质分析检验人才的基础技能，为此本书的主要特点如下：

1. 具有很强的实用性：从实验室的安全到实验室的仪器，从物质的称量到整个分析检测任务的完成，由简单到复杂，循序渐进；在任务选择上充分考虑各个行业的实际情况，选择各行业中简单实用的实际生产任务，让学生实际接触生产。

2. 配套丰富的数字资源：本教材提供了大量的数字资源，有知识学习的微课、技能操作的视频，扫描二维码就能学习。

3. 动手操作规范：操作视频均由全国职业院校技能大赛获奖选手动手操作，操作规范，专业公司录制，清晰度高，易学易懂。

4. 融入浓厚的课程思政：在每个项目及每个任务中都有机融入了课程思政，让学生在学习知识技能的同时提升自身素养。

本书由彭杨（江西应用技术职业学院）、高学鹏（江西应用技术职业学院）任主编，王玫（赣州市综合检验检测院）、韩玉英（九江天赐高新材料有限公司）任副主编。谢明芸（江西应用技术职业学院）、陈艳玮（江西应用技术职业学院）和杨成峻（赣州职业技术学院）参与编写。全书由彭杨统稿。

本书是中国高水平学校和高水平专业建设项目 A 档专业群建设成果之一，在编写过程中得到了江西应用技术职业学院领导的关心和支持，参阅了有关专著、相关教材、国家标准、行业标准和论文等。在此，向有关领导、专家和作者深表谢意。

由于编者水平有限，书中不妥之处在所难免，敬请广大读者批评斧正，谨此致谢。

编者
2024 年 2 月

目录

项目一

走进化学分析实验室

📑 项目描述

　　化学分析实验室是神奇的、有趣的。一小条 pH 试纸就能知道溶液的酸碱性，加入一两滴酚酞指示剂就能确定滴定的终点进而知道溶液的浓度。在化学分析实验室中，首先要确保安全，只有在安全的前提下，才有可能为科学研究、工农业生产等提供参考数据；在进行化学分析前，我们要知道常用试剂的规格和各种试剂的使用方法，分析过程中要如实地记录数据和现象，分析结束后，要将数据进行处理，并出具检验检测报告。

◎ 项目目标

1. 素养目标

领悟"安全重于泰山"的含义

培养诚实守信的职业素养

2. 知识目标

知道实验室的安全常识

掌握常用试剂的分类及规格

3. 技能目标

能对常见的安全事件进行急救

会记录分析的实验数据

会编写简单的检验检测报告

项目导图

```
                              ┌─────────────────┐
                              │  实验室安全知识   │
                              └─────────────────┘
        ┌──────────────┐      ┌─────────────────┐
        │ 走进化学分析   │──────│ 常用试剂的规格、  │
        │   实验室      │      │ 使用和保存       │
        └──────────────┘      └─────────────────┘
                              ┌─────────────────┐
                              │ 实验数据记录、    │
                              │ 处理及结果表达    │
                              └─────────────────┘
```

知识一　实验室安全知识

一、实验室安全基本知识

1. 水

（1）纯净水　应按仪器操作规程进行制水；每天监测水质，确保水质稳定；取水时应及时关闭取水阀防止溢流。

（2）冷却水　输水管必须使用橡胶管不得使用乳胶管，接口处用管箍夹紧。

（3）自来水　使用后要及时关闭，离开时关闭总阀。

安全重于
泰山

2. 电

在日常工作中，严格遵守安全用电操作规程。

3. 火

进行蒸馏和样品消化实验时，应使用加热套和封闭式电炉；在使用易燃易爆试剂的实验室不能使用明火。

4. 化学品

① 所用药品、标样、溶液都应有标签。绝对不要在容器内装入与标签不相符的物品。

② 禁止使用化验室的器皿盛装食物，如不要用烧杯当茶具使用、玻璃棒当筷子使用。实验室内禁止吸烟、进食。

③ 稀释硫酸时，必须在硬质耐热烧杯或锥形瓶中进行，只能将浓硫酸慢慢注入水中，边倒边搅拌；温度过高时，应冷却或降温后再继续进行，严禁将水倒入浓硫酸中！

④ 开启易挥发液体试剂之前，先将试剂瓶放在自来水流中冷却几分钟。开启时瓶口不要对人，并在通风橱中进行。

⑤ 易燃溶剂加热时，必须在水浴或沙浴中进行，避免明火。

⑥ 装过强腐蚀性、可燃性、有毒或易爆物品的器皿，应由操作者洗净！

⑦ 实验时若会放出 HCl、NO_2、H_2S、SO_2 等有害气体，则须在通风橱中进行。

⑧ 乙醚、苯、酒精、丙酮等易燃溶剂不能存放过多，不可倒入下水道，以免引起火灾。

⑨ 危险化学品存放在密封的柜子里，不要存放在冰箱里，不要存放在观察水平之上的架子上。

⑩ 各种药品不能敞口放置，所有挥发性和有气味的药品应放在通风橱或者橱下的柜子中，并保证有孔洞与通风橱相通。

5. 仪器

① 按仪器操作规程进行操作。

② 操作中不得离开岗位，必须离开时要委托能负责的人看管。

③ 每次离开前应检查水、电、燃气、门、窗等，确保安全。离开实验室前要用肥皂洗手，并将衣服抖动抖动。登记、检查之后方可锁门离开。

实验室
安全知识

6. 操作

① 实验时应打开门窗和通风设备，保持室内空气流畅；进行加热有害液体、易产生严

重异味、污染环境的实验时应该在通风橱内进行，通风橱尽量拉至最低，但是不能拉到底，要留有 10～20cm 的空隙。

② 蒸馏加热时，液体量不能超过瓶容量的 2/3。

③ 将玻璃棒、玻璃管、温度计等插入或拔出胶塞、胶管时均应垫好棉布，且不可强行插入或拔出以免折断刺伤人。

④ 移动、开启大瓶液体药品时，不能将瓶直接放在水泥地板上，最好用橡胶布或草垫垫好。若为石膏包封的，可用水泡软后打开，严禁锤砸、敲打，以防破裂。

⑤ 开启高压气瓶时，应缓慢，并不得将瓶口对人。

⑥ 实验室中配备的急救药品、消防器材和劳保用品，不得乱动和挪动，更不能破坏。

⑦ 工作时应穿工作服，长发要扎起，不应在食堂等公共场所穿工作服。进行有危险性工作时要戴防护用具。

7. 废液

① 废弃的液体要按无机物和有机物进行分类收集。

② 废液瓶应有明显标识，标明废液名称、组成等。

③ 装有废液的容器不可随意堆放，应该放到指定地点，统一处理。

④ 废弃的洗液不能倒入下水道，应该倒入废液桶统一处理。

二、养成良好的实验习惯

（1）进实验室精心准备的习惯　实验前要对方法原理和注意事项进行预习；准备好实验记录本、工作服等。

（2）出实验室认真检查的习惯　如检查仪器、洗手、关好水电门窗等。

（3）保持实验室卫生的习惯　如实验室内不吸烟、不饮食，垃圾不乱丢，仪器设备不乱放，并积极做好值日等。

（4）保持实验室台面整洁的习惯　如自己用的仪器和药品摆放整齐，从别处拿的仪器和药品则用后应放回原处，实验前和实验结束时均应清洁实验台面等。

（5）保持实验室安静的习惯　如在实验室不吵闹，不乱走动，要安静地做实验。

（6）尊重事实的习惯　如实验时要认真观察、如实记录，妥善保存原始资料等。

安全问题无小事，任何时候均是安全第一。养成良好的实验习惯，即是给安全以很好的保障，同时体现出实验的严谨性和科学性。

三、安全急救常识

1. 化学灼伤

（1）强酸的腐蚀　当不小心接触强酸时，先用大量水冲洗，然后用饱和碳酸氢钠等碱性溶液冲洗；伤势严重时，应立即送医院急救。

安全急救
常识

如被氢氟酸腐蚀受伤，应用干净的纱布或抹布尽快去除身体上残留的氢氟酸。使用大量的清水冲洗或浸泡受伤部位，一般 15～30min 为宜。使用一些中和性的药物如葡萄糖酸钙或可的松软膏涂抹于患部，或直接使用六氟灵冲洗或者浸泡。

如被浓硫酸腐蚀，应先用干燥的软布吸掉，再用大量清水冲洗。

（2）强碱腐蚀　立即用大量水冲洗，然后用柠檬酸（如 1% 浓度）或硼酸（如 3% 浓度）溶液冲洗。

无论是酸还是碱溅入眼睛时，不要揉搓眼睛，要争分夺秒地就地用水冲洗，最重要的是现场急救，这是抢救眼化学受伤的关键。放弃现场冲洗，而急忙赶到医院去救治，会贻误治疗时间，给眼睛造成更大损害。在受伤现场，应立即冲洗眼部，冲洗时要把眼睛睁开，边冲洗边向各方向来回转动眼球。也可以把面部浸入水盆里，睁开眼睛，摆动头部，以稀释和冲出残留在眼里的化学物质，一般冲洗 5～10min。现场急救冲洗后，要立即到医院进一步治疗。

（3）溴灼伤皮肤　立即用乙醇洗涤，然后用水冲净，涂上甘油或烫伤膏。

（4）苯酚灼伤皮肤　先用大量水冲洗，然后用 4∶1 的乙醇（70%）-氯化铁（1mol/L）混合液进行洗涤。

2. 烫伤和创伤

（1）烫伤　立即涂上烫伤膏，若伤势较重，撒上消炎粉或烫伤药膏，用药纱绷带包扎；切勿用冷水冲洗，更不能把烫起的水泡戳破！必要时前往医院处理。

（2）创伤（外伤）　用消毒镊子和纱布把伤口清理干净，用 3.5% 碘酒抹四周消毒。出血时要用压迫法止血，用消毒纱布包住伤口；要区分毛细管出血、静脉出血还是动脉出血，若动脉出血要进行急救。

3. 触电急救

触电急救的原则是在现场采取积极措施保护伤员生命。首先要使触电者迅速脱离电源，越快越好，触电者未脱离电源前，救护人员不准用手直接触及伤员。

使伤者脱离电源的方法是切断电源开关；若电源开关较远，可用干燥的木棍、竹竿等挑开触电者身上的电线或带电设备；也可用几层干燥的衣服将手包住，或者站在干燥的木板上，拉触电者的衣服，使其脱离电源。

触电者脱离电源后，应视其神志是否清醒采用不同方法处理。神志清醒者，应使其就地躺平，严密观察，暂时不要让触电者站立或走动；如神志不清，应就地仰面躺平，且确保气道通畅，并于 5s 时间间隔呼叫伤员或轻拍其肩膀，以判定伤员是否意识丧失。禁止摇动伤员头部呼叫伤员，必要时进行人工呼吸；当情况较严重时，应及时拨打 120，做了上述急救后速送医院治疗。

4. 着火急救

着火的常见原因有下面几种情况。一般有机物，特别是有机溶剂，大都容易着火，它们的蒸气或其他可燃性气体、固体粉末等（如氢气、一氧化碳、苯、面粉）与空气混合达到一定比例后，当有火花时（点火、电火花、撞击火花）就会燃烧或发生猛烈爆炸。由于某些化学反应放热而引起燃烧，如金属钠、钾等遇水燃烧甚至爆炸。有些物品易自燃（如白磷遇空气就自行燃烧），由于保管和使用不善而引起燃烧。有些化学试剂相混在一起，在一定的条件下会引起燃烧和爆炸（如将红磷与氯酸钾混在一起，磷就会燃烧爆炸）。

安全事故应急
处理办法

燃烧三要素：可燃物、助燃物和着火源。发生燃烧时三要素缺一不可，三要素缺一则可灭火。常用的灭火措施有以下几种，使用时要根据火灾的轻重、燃烧物的性质、周围环境和现有条件进行选择。

（1）石棉布　用石棉布盖上以隔绝空气，即可灭火，适用于小火。

（2）干沙土　抛撒在着火物体上即可灭火，适用于不能用水灭火的燃烧。但对火势很猛、面积很大的火焰效果不佳。

（3）水　是我们日常生活中最常用的灭火物质。它能使燃烧物的温度下降，但一般不用于有机物着火，因为有机溶剂与水基本不相溶，又比水轻，水浇上去后，溶剂漂浮在水面上，扩散开来继续燃烧。在溶剂着火时，应该先用泡沫灭火器把火扑灭，再用水降温以达到灭火的目的。

（4）泡沫灭火器　是实验室常用的灭火器材，由于它生成二氧化碳及泡沫，使燃烧物与空气隔绝而灭火，效果较好，适用于除电流起火外的灭火。

（5）二氧化碳灭火器　在小钢瓶中装入液态二氧化碳，救火时打开阀门，把喇叭口对准火场，喷射出二氧化碳以灭火，在实验室非常适用，不留残渣，也不损坏仪器，而且对于通电的仪器也可使用，但特别注意金属镁燃烧不可使用二氧化碳灭火器来灭火。

（6）四氯化碳灭火器　四氯化碳密度大、沸点低，喷出来后形成沉重而惰性的蒸气掩盖在燃烧物体周围，使可燃物与空气隔绝而灭火。它不导电，适于扑灭带电物体的火灾。但它在高温时会分解出有毒气体，故在不通风的地方要慎重使用。

（7）石墨粉　当钾、钠或锂等金属着火时，可用石墨粉扑灭，不能用泡沫灭火器、水、二氧化碳、四氯化碳等灭火。

电路或电器着火时，扑救的关键首先要切断电源，防止事态扩大。电器着火，最好使用四氯化碳和二氧化碳灭火器。

万一发生着火，要沉着快速处理，首先要切断热源、电源，把附近的可燃物品移走，再针对燃烧物的性质采取适当的灭火措施。不可将燃烧物抱着往外跑，因为跑动时空气更流通，火会烧得更猛。在着火和救火时，若衣服着火，千万不要乱跑，因为这会由于空气的迅速流动而加剧燃烧，应当躺在地上滚动。

万一烧伤要进行急救，急救的主要目的在于减轻痛苦，并保护皮肤的受伤表面不感染。为此，当身体灼烧表面积过大时应将伤者的衣服脱掉，用消过毒的布包好。烧伤的主要危险是患者身体损失大量的水分，因此，须给患者补充水分，对于一般烧伤可口服盐开水防止休克。烧伤严重的，应迅速送医。对正在休克的伤者，不能剧烈移动，否则会加重休克，应请医务人员前来抢救。

5. 中毒急救

常见毒物有以下几种。①剧毒品：氰化物、砷、汞、硫酸二甲酯、有机磷、有机铅等；②窒息性毒物：氢气、氮气、一氧化碳、氰化氢等；③刺激性毒物：氯气、氨气、二氧化硫等；④麻醉性毒物：醇类、卤代烃、芳香族化合物、有机汞、有机锡、磷化氢等；⑤致癌物：苯并 [a] 芘、黄曲霉素、砷、镉石棉、芳胺、亚硝胺、亚硝酸盐、多环芳烃等。

中毒类型有以下几种。①急性中毒：较大量毒物突然进入人体内，迅速造成中毒，症状来得猛、狠；②慢性中毒：少量毒物多次侵入人体，症状来得慢不明显，易被忽视；③亚慢性中毒：介于前两者之间。

毒物侵入人体的途径有呼吸道、消化道、皮肤。

中毒可疑症状：如呼气中含有毒物气味；患者口唇失色；患者不省人事或突然病倒且有接触毒物条件；患者喉头疼痛或有灼烧感。

急救措施：发现人员中毒，应及时报告并尽快送医院，同时进行现场救治。

当为急性呼吸系统中毒时：应使中毒者迅速离开现场，移到通风处，呼吸新鲜空气；如休克、虚脱或心脏机能有问题的，则必须先抗休克处理，如人工呼吸、给予氧气、喝兴奋剂（如浓茶、咖啡等）。

经由口服而中毒时：需立即用 3％～5％小苏打液或 1∶5000 高锰酸钾洗胃。洗胃时要大量喝，边喝边吐。最简单的催吐法是用手指或筷子压舌根，或喝少量（15～25mL）1％硫酸铜或硫酸锌（催吐剂）。洗胃要反复进行，直至中无毒物为止，然后再服解毒剂，如鸡蛋清、牛奶、淀粉糊、橘子汁等。另外，还有特殊解毒剂，如磷中毒用硫酸铜、钡中毒用硫酸钠、氰化物中毒用硫代硫酸钠。

知识二　常用试剂的规格、使用和保存

化学分析实验中所用试剂的质量，直接影响分析结果的准确性，因此应根据所做实验的具体情况，如分析方法的灵敏度与选择性，分析对象的含量及对分析结果准确度的要求等，合理选择相应级别的试剂，在既能保证实验正常进行的同时，又可避免不必要的浪费。另外，试剂应合理保存，避免沾污和变质。

一、化学试剂的分类及规格

化学试剂产品已有数千种，而且随着科学技术和生产的发展，新的试剂种类还将不断产生，按不同的标准可以对试剂进行不同的分类，本书只简要地介绍标准试剂、通用试剂、高纯试剂和专用试剂。

常见试剂分类
及规格

1. 标准试剂

标准试剂是用于衡量其他（欲测）物质化学量的标准物质。标准物质是相对于一种或多种已确定并适合其测量过程中的预期用途的特性足够均匀、稳定的物质。还有一个名词叫作有证标准物质，有证标准物质是用计量学上有效程序对一种或多种特性定值，附有证书并提供了特性量值、量值不确定度和计量学溯源性描述的标准物质。我们平常所说的标准物质绝大部分是指有证标准物质。有证标准物质按照准确度、不确定度、稳定性等的差异，可以划分为一级标准物质和二级标准物质。

一级标准物质用绝对测量法或两种以上不同原理的准确可靠的方法定值，在只有一种定值方法的情况下，用多个实验室以同种准确可靠的方法定值。准确度具有国内最高水平，均匀性在准确度范围之内，稳定性在一年以上或达到国际上同类标准物质的先进水平。一级标准物质的编号是以标准物质代号"GBW"冠于编号前部，编号的前两位数是标准物质的大类号，第三位数是标准物质的小类号，第四、五位数是同一类标准物质的顺序号。生产批号用英文小写字母表示，排于标准物质编号的后一位，生产的第一批标准物质用 a 表示，第二批用 b 表示，批号顺序与英文字母顺序一致。

例如：GBW08617a 水中汞成分分析溶液标准物质，其中 GBW 表示一级标准物质，08表示环境化学分析标准物质，6 表示水质，17 表示顺序号，a 表示第一批。

二级标准物质用与一级标准物质进行比较测量的方法或一级标准物质的定值方法定值，准确度和均匀性未达到一级标准物质的水平，但能满足一般测量的需要，稳定性在半年以上，或能满足实际测量的需要。二级标准物质的编号是以二级标准物质代号"GBW（E）"冠于编号前部，编号的前两位数是标准物质的大类号，第三、四、五、六位数为该大类标准物质的顺序号。生产批号同一级标准物质。

例如：GBW（E）060285a。GBW（E）表示二级标准物质，06 表示化工产品成分分析标准物质，0285 表示顺序号，a 表示第一批。

基准标准物质是具有最高计量学特性，用基准方法确定特性量值的标准物质，一般都是纯物质。

2. 通用试剂

通用试剂是实验室最普遍使用的试剂，其级别以其所含杂质的多少来划分，GB

15346—2012《化学试剂 包装及标志》将通用试剂划分为优级纯、分析纯和化学纯。化学试剂的级别、英文符号、标签颜色和适用范围列于表 1-1。

表 1-1 化学试剂级别及标签颜色

序号	级别	中文名称	英文符号	适用范围	标签颜色
1	通用试剂	优级纯（保证试剂）	GR	精密分析实验	深绿色
		分析纯（分析试剂）	AR	一般分析实验	金光红色
		化学纯	CP	一般化学实验	中蓝色
2	基准试剂		—	标准物质、参考物质	深绿色
3	生物染色剂		BR	生物化学及医用化学实验	玫红色

3. 高纯试剂

现代科学技术，特别是航天、空间、原子能和电子工业技术的迅速发展，对化学试剂的纯度提出了越来越高的要求，从而大大地促进了高纯试剂的发展。目前国内外高纯试剂的种类很多，标准也很不统一，主要有高纯、超纯、特纯等。纯度等级的表达方法有数种，如以几个 "9" 来表示。如用 99.99%（4N）/99.999%（5N）分别表示其纯度为 99.99% 和 99.999%，"9" 的个数越多，表示纯度越高。

高纯试剂的特点是纯度高，但是主体含量不一定高，这是与基准试剂不同的。

纯度是由 100% 减去杂质总量计算求得的。在计算杂质总量时，通常只累计试剂中存在的金属阳离子和某些非金属离子，而一般不累计阴离子的总量。

4. 专用试剂

专用试剂顾名思义是指专门用途的试剂。例如在色谱分析法中用的色谱纯试剂、色谱分析专用载体、填料、固定液和薄层色谱分析试剂，光学分析法中使用的光谱纯试剂和其他分析法中的专用试剂。专用试剂除了符合高纯试剂的要求外，更重要的是在特定的用途中，其干扰的杂质成分含量在不产生明显干扰的限度之下。

二、试剂的使用

不同等级的试剂价格往往相差甚远，纯度越高价格越贵。为了不造成资金浪费或不影响化验结果，我们要选择合理等级的试剂。

常见试剂的
使用及保存

虽然化学试剂必须按照国家标准进行检验合格后才能出厂销售，但不同厂家生产的试剂在性能上有时会有显著差异。甚至同一厂家，不同时期的同一类试剂，其性质也很难完全一致。因此，在某些要求较高的分析中，不仅要考虑试剂的等级，还应注意生产厂家、生产批号等，必要时应做专项检验和对照试验。

使用时还要注意如下事项：

① 打开瓶盖（塞）取出试剂后，应立即将瓶（塞）盖好，以免试剂吸潮、沾污、变质。

② 打开易挥发的试剂瓶塞时，不可把瓶口对准自己脸部或对着别人。不可用鼻子对准试剂瓶口猛吸气，如果需嗅试剂的气味，可将瓶口远离鼻子，用手在试剂上方扇动，使空气流吹向自己而闻其味。化学试剂绝不可用舌头品尝。

③ 瓶盖（塞）不许随意放置，以免被其他物质沾污，影响原瓶试剂质量。

④ 试剂应直接从原试剂瓶取用，多取试剂不允许倒回原试剂瓶。

⑤ 固体试剂应用洁净干燥的药匙取用。每一种试剂使用一个药匙。注意防止试剂间相

互污染。药匙使用后应立即洗净。

⑥ 用吸量管取用液态试剂时，绝不许用同一吸量管同时吸取两种试剂。

⑦ 盛装试剂的瓶上，应贴有标明试剂名称、规格及出厂日期的标签，没有标签或标签字迹难以辨认的试剂，在未确定其成分前，不能随便使用。

⑧ 接触危险化学试剂时必须穿工作服，戴防护镜，穿不露脚趾的满口鞋，长发必须束起。

三、试剂的保存

化学试剂在保存与使用过程中往往会因为自身物理化学特性和环境条件的变化发生变质。化学试剂的变质分为潮解、霉变、熔化、凝固、变色、聚合、氧化、腐蚀、挥发、风化、升华和失效等。因此，正确保存试剂非常重要。一般来说试剂应保存在通风良好、干净的房间里，避免水分、灰尘及其他物质的沾污，并根据试剂的性质采取相应的保存方法和措施。

1. 总体要求

① 所有化学试剂的容器都要贴上清晰永久标签，以标明内容及其潜在危险。

② 化学试剂的保存温度分为室温、4℃、冰冻（－20℃）和超低温（－70℃以下）等。应根据化学试剂的物理化学特性和标签要求分别保存于不同温度条件下。

③ 所有化学试剂都应具备物品安全数据清单。

④ 熟悉所使用的化学试剂的特性和潜在危害。

⑤ 化学试剂应储存在合适的高度，通风橱内不得储存化学药品。

⑥ 装有腐蚀性液体的容器储存位置应当尽可能低，并加垫收集盘，以防倾洒引起安全事故。

⑦ 对于在储存过程中不稳定或易形成过氧化物的试剂需加注特别标记。

2. 具体措施

① 容易腐蚀玻璃影响纯度的试剂，应保存在塑料或涂有石蜡的玻璃瓶中。如：氢氟酸、氟化物（氟化钠、氟化铵）、苛性碱（氢氧化钠、氢氧化钾）等。

② 见光易分解、遇空气易被氧化的试剂应保存在棕色瓶里，放置在冷暗处。如草酸、过氧化氢（双氧水）、高锰酸钾、硝酸银、铋酸钠等属见光易分解物质；氯化亚锡、硫酸亚铁、亚硫酸钠等属易被空气逐渐氧化的物质。

③ 易挥发的试剂，应紧密瓶塞，有时还应进行水封、蜡封。甲酸、乙醇等比水轻的挥发性液体，萘、碘等挥发性固体，应紧密瓶塞，瓶口蜡封；汞上加水进行水封，同时在汞旁放一些硫粉；溴除原瓶进行蜡封外，还应将原瓶放在有活性炭的塑料筒内，筒口蜡封。

④ 吸水性强的试剂应严格密封保存。如：氧化钙、苛性钠、无水碳酸钠、过氧化物等。

⑤ 易相互作用的试剂，应分开贮存在阴凉通风的地方。如：酸与氨水、氧化剂与还原剂属易相互作用物质。

⑥ 剧毒试剂应双人双锁，专人保管，严格取用手续，以免发生中毒事故，一定要注意个人保护和环境保护，如氰化物（氰化钾、氰化钠）、氢氟酸、氯化汞、三氧化二砷（砒霜）等试剂。

知识三　实验数据记录、处理及结果表达

一、实验数据的记录

实验数据的记录要遵循完整、真实、及时、客观的原则，实验数据记录的形式包括纸质记录和电子记录。

数据记录及
结果表达

1. 纸质记录

实验要有专门的记录表格，绝不允许将数据记在单页纸上、小纸片上，或随意记在其他地方。

实验过程中的各种测量数据及有关现象，应及时、准确且清楚地记录下来。记录实验数据时，要有严谨的科学态度，要实事求是，切忌夹杂主观因素，绝不能随意拼凑和伪造数据。

实验过程中涉及的各种特殊仪器的型号和标准溶液浓度等，也应及时准确记录下来。

记录实验数据时，应注意其有效数字的位数。如用万分之一的分析天平称量时，要求记录至 $0.0001g$；用分度值为 $0.1mL$ 滴定管滴定时，应记录至 $0.01mL$。

实验中的每一个数据都是测量结果，所以重复测量时即使数据完全相同也应记录下来。

在实验过程中，如果发现数据算错、测错或读错而需要改动时，可将数据用一横线划去，并在其上方写上正确的数字，然后签字，不可涂改，以免原来的记录模糊不清。

在实际工作中，纸质记录要分类归档保存，并根据不同行业的要求确定保存的时长。

2. 电子记录

随着分析检测仪器快速发展，许多实验都由原来的手工分析变成仪器分析，如传统的手工滴定被自动电位滴定仪取代，光度计出现了带分析软件的智能分光光度计。仪器分析的普及，产生了诸多电子记录，这是仪器分析中最真实最原始的记录。

在实际工作中，电子记录应该妥善保管好，除保存在仪器中外，应该再备份一份电子数据，且与仪器不在同一地方保存，保证可追溯和可读取，以防止记录丢失、失效和篡改。当输出数据打印在热敏纸或者光敏纸等保存时间较短的介质上时，应该同时保存记录的复印件或者扫描件。

二、实验数据的处理

1. 列表

做完实验后，应该将获得的大量数据尽可能整齐有规律地列表表达出来，以便处理运算。列表时应注意以下几点：每一个表都应有简明完备的名称；在表的每一行或每一列的第一栏，要详细地写出名称、单位等；在每一行中数字排列要整齐，位数和小数点要对齐，有效数字的位数要合理；原始数据可与处理的结果记录在一张表上，在表下注明处理方法和选用的公式。

2. 作图

利用图形表达实验结果更直观，能清楚地显示所研究的变化规律，易显示出数据的特点，如极大值、极小值、转折点等，还可利用图形求面积、作切线、进行内插和外推等。

3. 数据的取舍

为了衡量分析结果的精密度，一般对单次测定的一组结果 x_1、x_2、……、x_n，计算出算术平均值后，再用单次测定偏差、平均偏差、相对平均偏差表示结果的精密度；如果测定次数较多，可用标准偏差和相对标准偏差等表示结果的精密度。若某一数值偏差较大时，可以按一定的原则舍弃。

三、实验报告

实验完毕后，要及时认真地填写报告，实验报告一般包括以下内容：

① 实验名称和日期。

② 实验目的。

③ 方法原理：简要地用文字和化学反应说明，如标定和滴定反应的方程式或基准物和指示剂的选择，试剂浓度和分析结果的计算公式等。

④ 实验步骤：简明扼要写出。

⑤ 数据记录。

⑥ 实验数据处理。应用文字、表格、图形，将数据表示出来，根据实验要求计算出分析结果、实验误差大小。

⑦ 问题讨论。对实验中观察到的现象，以及产生误差的原因应进行讨论和分析，以提高自己分析问题和解决问题的能力。

上述各项内容的繁简取舍，应根据各个实验的具体情况而定，以清楚、简练、整齐为原则。

 延展阅读

准确度、精密度、公差

一、准确度与误差

分析结果（x）与真实值（μ）相接近的程度叫准确度，以误差（E）表示。误差越小，分析结果的准确度越高。

误差分为绝对误差和相对误差，其表示方法如下：

绝对误差：$E=$ 测定值$(x_i)-$ 真实值(μ)

相对误差：$E_r=(x_i-\mu)/\mu\times100\%$

相对误差表示绝对误差与被测量的真值的比值。分析结果的准确度常用相对误差表示。

二、精密度与偏差

精密度是指在相同条件下多次测定结果相互吻合的程度。它反映了测定结果的重现性。精密度用"偏差"来表示。偏差越小，说明结果的精密度越高。

1. 绝对偏差和相对偏差

其表示方法如下：

绝对偏差：$d=x-\bar{x}$

相对偏差：$d_r=(x_i-\bar{x})/\bar{x}\times100\%$

2. 平均偏差和相对平均偏差

在一般的分析工作中，通常多采用平均偏差、相对平均偏差来表示测量的精密度。

平均偏差：$\bar{d}=\sum|x-\bar{x}|/n$

相对平均偏差：$d_r=\bar{d}/\bar{x}\times100\%$

3. 标准偏差和相对标准偏差

考察一种分析方法所能达到的精密度，判断一批分析结果的分散程度则常采用标准偏差。标准偏差与平均值比值的百分率叫作相对标准偏差（RSD），也叫作变动系数（CV）。

① 标准偏差。

当测定次数趋于无穷大时：$\sigma=\sqrt{\sum(x-\mu)^2/n}$

有限测定次数（$n<20$）：$S=\sqrt{\sum(x-\bar{x})^2/(n-1)}$

② 相对标准偏差：$RSD=S/\bar{x}\times100\%$。

三、公差

误差和偏差具有不同的含义。误差是以真实值为标准，但真实值无法准确知道，人们只能通过反复多次的测定，得到一个接近于真实值的量；偏差是以多次测定结果的算术平均值为标准。但是严格来说，用平均值计算误差，显然，仍然是偏差。因此，在生产部门并不强调误差与偏差两个概念的差别，一般均称为"误差"，并用"公差"范围来表示允许误差的大小。

"公差"是生产部门对于分析结果所能允许的误差范围。如果分析结果超出允许的公差范围，称为"超差"。公差范围一般根据生产的需要和测定方法等实际情况由管理部门来确定。

项目二

物质的称量

📄 项目描述

称量是从一个不对等状态到对等状态的过程，在我们的日常生活和工作中也要遵循这样的原则，慢慢找到对等的状态，不可操之过急、急于求成。

称量是分析化学的一个最基本操作技能，是做好所有分析检验的基础之一，在分析检验中具有极其重要的地位。本项目介绍了称量中常用的仪器以及固体试样和液体试样的称量方法；安排了固体试样直接称量法、固定质量称量法和减量称量法实训，还安排了液体样品称量操作实训，最后安排了减量称量法技能竞赛。

🎯 项目目标

1. 素养目标

领悟"欲速则不达"的道理

培养积极上进的竞争拼搏精神

2. 知识目标

知道电子分析天平的称量原理

理解不同称量方法的适用对象

3. 技能目标

能熟练使用电子分析天平

会采用直接称量法、固定质量称量法和减量称量法称量固体试样

会称量液体试样

📘 项目导图

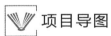

```
                            ┌──────────────────────┐
                            │    仪器认识及使用     │
                            ├──────────────────────┤
                            │      称量方法         │
                            ├──────────────────────┤
                            │   直接称量法实训      │
          ┌──────────┐      ├──────────────────────┤
          │ 物质的称量 │◁─── │   减量称量法实训      │
          └──────────┘      ├──────────────────────┤
                            │  固定质量称量法实训   │
                            ├──────────────────────┤
                            │ 液体样品称量操作实训  │
                            ├──────────────────────┤
                            │  竞赛 减量称量法技能  │
                            └──────────────────────┘
```

知识一 仪器认识及使用

一、称量瓶

称量瓶是一种常用的实验室玻璃器皿，有磨口塞，可以防止瓶中的试样吸收空气中的水分和 CO_2 等，适用于称量易吸潮的试样。一般用于准确称量一定量的固体，又叫称瓶，一般是圆柱形，带有磨口密合的瓶盖。

瓶的规格以直径（mm）×瓶高（mm）表示，分为扁形、高形两种外形，见图 2-1 和图 2-2。根据材料有普通玻璃称量瓶和石英玻璃称量瓶。常见规格见表 2-1 和表 2-2。

图 2-1　扁形称量瓶

图 2-2　高形称量瓶

表 2-1　扁形称量瓶常见规格

容量/mL	瓶高/mm	直径/mm
10	25	35
15	25	40
30	30	50

表 2-2　高形称量瓶常见规格

容量/mL	瓶高/mm	直径/mm
10	40	25
20	50	30

称量瓶主要用于使用分析天平时称取一定质量的试样，也可用于烘干试样（扁形用于测定水分或在烘箱中烘干基准物，高形用于称量基准物、样品）。称量瓶平时要洗净，烘干，存放在干燥器内以备随时使用（在磨口处垫一小纸，以方便打开盖子）。称量瓶不能用火直接加热，不可盖紧磨口塞烘烤，瓶盖不能互换（称量瓶的盖子是磨口配套的，不得丢失、弄乱），称量时不可用手直接拿取，应带指套或垫以洁净纸条。

二、干燥器

干燥器是一种用来对物品进行干燥或保存干燥物品的玻璃器具（图 2-3、图 2-4）。器内放置一块有圆孔的瓷板将其分上、下两室。下室放干燥剂，上室放待干燥物品。为防止物品落入下室，常在瓷板下衬垫一块铁丝网。

图 2-3　一般干燥器

图 2-4　带阀干燥器

准备干燥器时用干抹布将瓷板和内壁抹干净，一般不用水洗，因为水洗后不能很快地干燥。干燥剂装到下室的一半即可，太多容易沾污干燥物品。装干燥剂时，可用一张稍大的纸折成喇叭形，插入干燥器底，大口向上，从中倒入干燥剂，可使干燥器避免沾污。硅胶是一种常用的干燥剂，当蓝色的硅胶变成红色（钴盐的水合物）时，即应将硅胶重新烘干。

干燥器的沿口和盖沿均为磨砂平面，用时涂覆一薄层凡士林以增加其密封性。开启或关闭干燥器时，用左手向右抵住干燥器身，右手握住盖的圆把手向左平推干燥器盖［图 2-5（a）］。取下的盖子应盖里朝上、盖沿在外放在实验台上，以防止其滚落在地。

灼烧的物体放入干燥器前，应先在空气中冷却 30～60s。放入干燥器后，为防止干燥器内空气膨胀而将盖子顶落，应反复将盖子推开一道细缝，让热空气逸出，直至不再有热空气排出时再盖严盖子。

搬移干燥器时，务必用双手拿着干燥器和盖子的沿口［图 2-5（b）］，绝对禁止只用手捧其下部，以防盖子滑落打碎。

干燥器不能用来保存潮湿的器皿或沉淀。

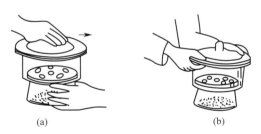

（a）　　　　　　　　　　　　（b）

图 2-5　开启（关闭）及搬移干燥器示意图

三、安瓿球

安瓿球是用玻璃吹制而成的，一端带有细的进样管（长约 40～50mm，管的直径 2mm左右），壁较薄，一端为易于粉碎的小球（直径约 7～15mm），见图 2-6。

安瓿球可以用来作为液体称量的容器。使用时将球部微热，排出空气后，立即将进样管插入欲称量的液体内部，吸入一定量液体后，拔出，用火焰将进样口封堵，然后放天平称量。

四、电子分析天平

1. 称量原理

电子分析天平简称电子天平，是新一代的天平，目前应用的主要有顶部承载式（吊挂单盘）和底部承重式（上皿式）两种。尽管不同类型电子天平的控制方式和电路不尽相同，但其称量原理大都依据的是电磁力平衡理论。

我们知道，把通电导线放在磁场中时，导线将产生电磁力，力的方向可以用左手定则来判定。当磁场强度不变时，力的大小与流过线圈的电流强度成正比。如果使重物的重力方向向下，电磁力的方向向上，并与之相平衡，则通过导线的电流与被称物体的质量成正比。

电子天平的结构如图 2-7 所示。

图 2-6　安瓿球

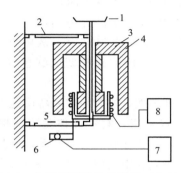

图 2-7　电子天平结构示意图（上皿式）

1—秤盘；2—弹簧片；3—磁钢；4—磁回路体；5—线圈及线圈架；6—位移传感器；7—放大器；8—电流控制电路

秤盘通过支架连杆与线圈相连，线圈置于磁场中，秤盘及被称物体的重力通过支架连杆作用于线圈，方向向下，线圈内有电流通过，产生一个向上作用的电磁力，与秤盘重力方向相反，大小相等。位移传感器处于预定的中心位置，当秤盘上的物体质量发生变化时，位移传感器检出位移信号，经调节器和放大器改变线圈的电流直到线圈回到中心位置为止，通过数字显示出物体的质量。

2. 性能特点

① 电子天平支撑点采用弹簧片，没有机械天平的宝石或玛瑙刀，取消了升降框装置，采用数字显示方式代替指针刻度式显示。使用寿命长，性能稳定，灵敏度高，操作方便。

② 电子天平采用电磁力平衡原理，称量时全量程不用砝码，放上被称物后，在几秒内即达到平衡，显示读数，称量速度快，精度高。

③ 分析及半微量电子天平一般具有内部校准功能。天平内部装有标准砝码，使用校准功能时，标准砝码被启用，天平的微处理器将标准砝码的质量值作为校准标准，以获得正确的称量数据。

④ 电子天平是高智能化的，可在全量程范围内实现去皮重、累加，有超载显示、故障报警等。

⑤ 电子天平具有质量电信号输出，这是机械天平无法做到的。它可以连接打印机、计算机，实现称量、记录和计算的自动化。同时也可以在生产、科研中作为称量、检测的手段，或组成各种新仪器。

3. 使用方法

电子天平要远离带有磁性或能产生磁场的物体和设备。电子天平使用简单，不同品牌及型号的使用方法基本相似，下面以精科天美分析天平 FA1204C 为例简要介绍使用方法，详细操作请扫码学习。

① 调水平。调整地脚螺旋高度，使水平仪内空气泡位于圆环中央。

② 接通电源，按开关键，天平进行自检。

③ 预热（0.5h）。

④ 校准。按校准键（CAL 键），天平将显示"CAL……"，稍等片刻，闪显"100"，轻轻放上 100g 天平自带的标准砝码，天平即开始自校，片刻后显示 100.0000g，继后显示"0.0000g"，取下标准砝码，校准完毕，可开始称量。

⑤ 称量。按 I/O 键，可消去不必记录的数字如承载瓶的质量等。根据实验要求，选用一定的称量方法进行称量。

⑥ 关机。称量完毕，记下数据后将重物取出，按 I/O 键，天平自动回零。天平应一直保持通电状态（24h），不使用时将开关键关至待机状态，使天平保持保温状态，可延长天平使用寿命。

电子天平的使用还应注意如下事项：

① 天平的周围应无影响天平称量性能的振动、气流和磁场（地磁场除外）存在；

② 称量前检查天平是否水平，框罩内外是否清洁，先清扫后开机；

③ 天平的上门仅在检修时使用，不得随意打开，开关天平两边侧门时，动作要轻、缓（不发出碰击声响）；

④ 称量物的温度必须与天平温度相同，有腐蚀性或者吸湿性的物质必须放在密闭容器中称量；

⑤ 不得超载称量，如有必要可以先用台秤粗称物品质量；

⑥ 读数时必须关好侧门；

⑦ 称量完毕，天平复位后，应清洁框罩内外（先关机后清扫），盖上天平罩，并作使用记录，长时间不使用时，应切断天平电源。

👁 **我会操作**

电子天平的校准

知识二　称量方法

一、固体试样的质量称量

使用电子天平进行称量的常用方法有：直接称量法、固定质量称量法和减量称量法三种。

1. 直接称量法

欲知道某物体的质量，可将此物体直接放在天平上（称量纸上）进行称量，从而获得该物体准确质量的方法，称之为直接称量法。如称量烧杯的质量，重量分析时称量坩埚的质量。

2. 固定质量称量法

在分析实验中，有时要求称取某特定质量的试样或基准物，可采用此称量法称取。此法也叫增量称量法、指定准确质量称量法。此法适用于在空气中不易吸潮、能稳定存在的粉末或小颗粒。

基本操作方法：使用一干燥的器皿（小烧杯、表面皿）或一张称量纸（将其叠成小铲）放在天平盘上并称取其质量，然后用药匙先加入比所需质量略少的试样，直至加入的试样质量与所指定的质量数值相等。

药匙加入试样或基准物的具体操作：将药匙柄端顶在掌心，用拇指和中指拿稳药勺后将其伸向盛接试样的器皿或称量纸小铲的中心部位上方约 $1\sim2cm$ 处，将药匙微微倾斜，并用食指轻轻弹动药匙柄使试样慢慢落下，直至所需的质量，见图 2-8。

图 2-8　固定质量称量操作示意图

3. 减量称量法

可用于称量指定质量范围的样品或者试剂，适用于易吸水或二氧化碳、易挥发、易氧化或者易与空气中其他物质反应的样品试剂。此法也叫递减法、指定一定质量范围称量法。

基本操作方法：用一纸条套住称量瓶（内盛有所需试样）并将其从干燥器中取出 ［图 2-9(a)］，放在天平盘中直接称取其质量，记为 m_0。用同样的方法将称量瓶取出并移至试样接收器上方，用纸片夹着瓶盖柄轻轻敲击瓶口外缘上部使试样缓慢少量地落入接收器内 ［图 2-9(b)］。当倾出的试样接近所需称取的质量时，一边轻轻敲击瓶口边缘，一边慢慢将瓶身竖直，使粘在瓶口的试剂落回称量瓶内。盖好称量瓶瓶盖，放在天平上，称取倾出试样后称量瓶的质量。若倾出的量与所需试样质量相差较远，则重复上述操作直至倾出的试样接近所需的量时（$\pm5\%$），准确称出称量瓶的质量记为 m_1。两次质量之差即为试样质量 $m_{试样}$。

$$m_{试样} = m_0 - m_1$$

同样的操作，可以连续称取第二、第三、第四份试样。在称量过程中应注意如下事项：

① 整个过程不要用手触摸称量瓶和瓶盖；

② 称量瓶只能放在天平秤盘或者干燥器中；

③ 敲样过程中，瓶盖和瓶口始终不要离开接收器上方，未盖好瓶盖，切不可离开接收器上口；

④ 称一份试样，重复加样次数一般不要超过 3 次。

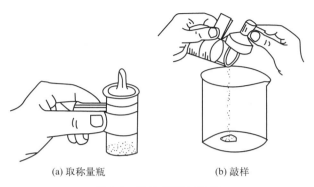

(a) 取称量瓶   (b) 敲样

图 2-9　取称量瓶与敲样

二、液体试样的质量称量

液体样品的准确称量比较麻烦，必须使用特殊的容器，按使用的容器不同有以下几种称量方法。

（1）安瓿球法　称量时先称空瓶的质量，然后把小球在酒精灯上烤热，移去火焰，将进样口插入试样中，令其自然冷却，液体即自动吸入，至适当量时取出，用酒精灯把进样口封死，在天平上称量，两次称量之差即为液体样品的质量，然后放入盛有溶剂的容器中，用力摇动，使其破碎。这种方法适用于易挥发样品的称量，如发烟硫酸、发烟硝酸、浓盐酸、氨水等液体试样。

（2）滴瓶法　滴瓶是带有吸管的小瓶，吸管顶端带有胶头。称量时，先把适量样品装入瓶中，在天平上称量，然后吸出适量样品于容器中，再把滴瓶放在天平盘上称量，两次称量之差即为试样的质量。这种称量方法适用于大多数不易挥发的液体样品。

（3）用注射器称量　先称注射器和小块软橡胶的质量。在注射器中吸入适量的样品，用小块软橡胶堵住针头，放在天平盘上称量，两次称量之差即为试样的质量。适用于对注射针头没有腐蚀的液体样品（大多数有机液体试样）。这种方法损失小，准确可靠，方便省时。

任务一　直接称量法实训

一、实训目的

1. 学习分析天平的使用；
2. 学习直接称量技术；
3. 养成正确、及时记录实验数据的习惯；
4. 培养文明操作的素质。

二、实训原理

直接称量法中天平的读数就是物体的质量。

三、仪器及试剂

电子天平、托盘天平、小烧杯、称量瓶、表面皿、瓷坩埚等。

四、实训步骤

1. 查看

（1）使用记录本　天平是否正常；
（2）天平量程　质量大于天平量程的物体不能称量；
（3）分度值　能否达到分析的误差要求。

2. 天平的准备

（1）练习天平水平的调节　拿下天平外罩，叠放整齐。查看水平仪，如果气泡不在中心位置，则调节地脚螺旋（水平脚）直到水平。
（2）清扫　打开侧门，用刷子清扫秤盘，并清扫秤盘周围。
（3）预热　接通电源，预热 30min，方可进行操作。
（4）调零　按"开机/关机"键开机，仪器自检，等自检完毕后，按"调零"键，天平出现"0.0000g"。

3. 称量

先在托盘天平上粗称小烧杯、称量瓶的质量，若在分析天平的量程内，则打开天平一边侧门，直接将小烧杯或者称量瓶放在秤盘中央处称量，关闭天平门，待数值稳定后读数并记录数据。

4. 结束工作

按"开机/关机"键关机，清扫，关门，盖上外罩，填写记录本，打扫实验室。

五、数据及结果

直接称量法数据记录格式示例

物品	小烧杯	称量瓶	表面皿	瓷坩埚
质量/g				

1. 在什么情况下应该使用直接称量法？

2. 为什么要关好门后再读数？

3. 在实验中记录称量数据时应该准确到几位？依据是什么？

👁 我会操作

称量瓶的称量　　　　　　　　　　柑埚的称量　　　　　　　　　　茶叶的称量

任务二　减量称量法实训

一、实训目的

1. 进一步熟悉分析天平的使用；
2. 学习敲样操作；
3. 掌握减量称量法一般程序；
4. 养成正确、及时记录实验数据的习惯；
5. 培养文明操作的素质。

二、实训原理

两次称量质量之差即为物体的质量。

三、仪器及试剂

电子天平、托盘天平、称量瓶、50mL 烧杯、碳酸钠粉末等。

四、实训步骤

1. 查看

按本项目任务一的要求进行。

2. 天平的准备

按本项目任务一的要求进行。

3. 称量

① 用纸条从干燥器中取一装有碳酸钠粉末的称量瓶；

② 在电子天平上精确称量，得其质量（称量瓶＋样品）为 m_0；

③ 将 0.4g 碳酸钠粉末小心地转移到已编号的小烧杯中，再称其质量（剩余样品＋称量瓶）为 m_1，两次质量之差即为样品的质量。以同样的方法称取第 2 份、第 3 份。

4. 结束工作

按本项目任务一的要求进行。

五、数据及结果

减量称量法数据记录格式示例

样品编号	1	2	3
m_0/g			
m_1/g			
试样质量/g			

？ 思考

1. 在什么情况下应该使用减量称量法？

2. 使用称量瓶时，如何操作才能保证试样不损失？

 我会操作

碳酸钠的称量

任务三　固定质量称量法实训

一、实训目的

1. 进一步熟悉分析天平的使用；
2. 掌握固定质量称量法操作一般程序；
3. 养成正确、及时记录实验数据的习惯；
4. 培养文明操作的素质。

二、实训原理

固定质量称量法是用于称量某一固定质量样品的方法。

三、仪器及试剂

电子天平、托盘天平、表面皿、角匙、土壤样品、NaCl等。

四、实训步骤

1. 查看

按本项目任务一的要求进行。

2. 天平的准备

按本项目任务一的要求进行。

3. 称量

① 先在托盘天平上粗称表面皿的质量。

② 将表面皿放在电子天平秤盘中央，待计数显示稳定后，按"去皮"键，天平出现"0.0000g"。

③ 用角匙将土壤样品小心地加到表面皿中，边转移边观察天平显示屏，达到 0.5000g 时停止加样。以同样的方法称取第 2 份、第 3 份、第 4 份。

④ 以同样方法称取 NaCl 样品 0.2750g 四份。

4. 结束工作

按本项目任务一的要求进行。

五、数据及结果

固定质量称量法数据记录格式示例

样品编号	1	2	3	4
试样质量/g				

? 思考

1. 在什么情况下应该使用固定质量称量法？

2. 加样时不小心碰到天平，或者试样撒落对称量结果有何影响？应该如何处理？

我会操作

氯化钠的称量

任务四　液体样品称量操作实训

一、实训目的

1. 进一步熟悉分析天平的使用；
2. 掌握液体样品常见称量操作技术；
3. 养成正确、及时记录实验数据的习惯；
4. 培养文明操作的素质。

二、实训原理

固定质量称量法是用于称量某一固定质量样品的方法。

三、仪器及试剂

电子天平、托盘天平、滴瓶、小烧杯、磷酸等。

四、实训步骤

1. 查看

按本项目任务一的要求进行。

2. 天平的准备

按本项目任务一的要求进行。

3. 称量

① 先在托盘天平上粗称装有双氧水滴瓶的质量；

② 在分析天平上称量装有双氧水滴瓶的质量；

③ 从滴瓶中取出 10 滴双氧水溶液于小烧杯中，称出取样后滴瓶的质量，计算 1 滴双氧水的质量，计算 2.0g 双氧水的滴数；

④ 准确称量装有双氧水滴瓶的质量 m_0；

⑤ 从滴瓶中取出 2.0g 双氧水于小烧杯中；

⑥ 再称滴瓶（盛有双氧水）质量 m_1；

⑦ 计算双氧水质量；

⑧ 用相同方法称取双氧水样品 3 份。

4. 结束工作

按本项目任务一的要求进行。

五、数据及结果

液体样品称量数据记录格式示例

样品编号	1	2	3
m_0/g			
m_1/g			
双氧水质量/g			

1. 从滴瓶中取出滴管时，怎样操作才不会造成双氧水样品洒落？
2. 浓氨水、浓硫酸等可分别用什么容器进行称量？

我会操作

双氧水的称量

任务五　竞赛　减量称量法技能

一、题目：减量法称取 0.2g 样品

① 瓷坩埚编号，并在电子天平上分别精确称量，记录质量 m_0^*。

② 用纸条从干燥器中取一装有样品的称量瓶。

③ 在电子天平上精确称量，得其质量（称量瓶＋样品）为 m_0。

④ 将 0.2g 样品小心地转移到已编号的瓷坩埚中，再称其质量（剩余样品＋称量瓶）为 m_1，两次质量之差即为样品的质量 $m_{试样}$。以同样的方法称取第二份、第三份。

⑤ 在电子天平上精确称量装有样品后瓷坩埚的质量为 m_1^*，瓷坩埚装样品前后两次质量之差为 $m_{试样}^*$。

二、数据及结果

减量称量法数据记录格式示例

	样品编号	1	2	3
称量瓶	敲样前称量瓶＋样品质量 m_0/g			
	敲样后称量瓶＋样品质量 m_1/g			
	称量瓶中敲出样品质量 $m_{试样}$/g			
坩埚	坩埚＋样品质量 m_1^*/g			
	空坩埚质量 m_0^*/g			
	坩埚中样品质量 $m_{试样}^*$/g			
	偏差/mg			

说明：偏差取 $m_{试样}$ 与 $m_{试样}^*$ 之差的绝对值。

三、评分标准

技能竞赛评分细则

序号	任务	分值	技能要求		扣分说明	备注
1	天平的准备工作	6	1. 调水平	2分	每错一项扣2分，扣完为止	
			2. 清扫	2分		
			3. 调零	2分		
2	称量操作	48	1. 正确使用干燥器	6分	每错一项扣去相应分，扣完为止	
			2. 称量物放于正确位置	6分		
			3. 敲样动作正确	10分		
			4. 试剂或样品不撒落	10分		
			5. 读数正确	6分		
			6. 称量一份试样加样不超过3次	10分		
3	称量范围	8	规定量±5%	8分	不扣分	
			5%＜规定量≤10%，−10%＜规定量≤−5%		每个扣2分	
			超出规定量±10%		每错一个扣3分，扣完为止	

序号	任务	分值	技能要求		扣分说明	备注
4	结束工作	4	1. 复原天平	1分	每错一项扣1分，扣完为止	
			2. 清扫天平	1分		
			3. 登记	1分		
			4. 放回凳子	1分		
5	数据记录及处理	10	1. 原始数据记录不用其他纸张记录	2分	每错一项扣2分，扣完为止	
			2. 原始数据及时记录	2分		
			3. 原始数据填写清晰	2分		
			4. 计算正确	2分		
			5. 有效数字保留正确	2分		
6	文明操作	4	1. 仪器摆放整齐	1分	每错一项扣1分，扣完为止	
			2. 废纸/废液不乱扔乱倒	1分		
			3. 结束后清洗仪器	1分		
			4. 穿着整齐、规范	1分		
7	熟练程度	10	10分钟内完成		每超时1分钟扣2分	
8	规范性	10	偏差小于0.4mg		只要有一个偏差大于0.4mg，全扣	
9	重大失误		1. 样品撒落，重称，每次倒扣10分			
			2. 篡改数据如伪造、凑数据等，总分以零分计			

📚 **延展阅读**

电子天平的检定

中华人民共和国国家计量检定规程《电子天平》（JJG 1036—2022）规定了分度值不小于1mg的电子天平的首次检定、后续检定和使用中检查。

一、术语

1. 置零装置

当天平秤盘上无载荷时，将示值调整至零点的装置。

2. 零点跟踪装置

自动将零点示值保持在一定界限内的装置。

3. 除皮装置

当天平秤盘上有载荷时，将示值调整至零点的装置。

4. 最大秤量

Max：不计添加皮重时的最大称量能力。

5. 最小秤量

Min：一个规定的载荷值，小于该载荷值时称量结果可能产生过大的相对误差。

6. 称量范围

最小秤量与最大秤量之间的范围。

7. 实际分度值

d：相邻两个示值之差。

8. 检定分度值

e：用于划分天平准确度等级与计量检定的以质量单位表示的值。

9. 检定分度数

n：最大秤量与检定分度值之比，$n=\dfrac{\text{Max}}{e}$。

10. 示值误差

E：天平示值 I 与载荷质量值 L 之间的差值，$E=I-L$。

11. 准确度等级

天平按检定分度值 e 和检定分度数 n 划分为下列四个准确度等级：

特种准确度级，符号为①；

高准确度级，符号为Ⅱ；

中准确度级，符号为Ⅲ；

普通准确度级，符号为Ⅲ。

二、检定项目

检定项目见下表。

检定项目一览表

检定项目	首次检定	后续检定	使用中检查
外观检查	＋	＋	－
偏载误差	＋	＋	＋
重复性	＋	＋	＋
示值误差	＋	＋	＋
置零准确度	＋	＋	＋
除皮称量	＋	＋	＋

注："＋"表示需要检定；"－"表示无需检定。

三、检定方法

1. 外观检查

在检定天平计量性能之前应进行外观检查。

（1）计量特征　铭牌上标注的信息：最大秤量（Max）、最小秤量（Min）、检定分度值（e）、实际分度值（d）、制造商或商标、产品名称、型号、用一个椭圆和椭圆里面符号表示的准确度等级、出厂编号等。

（2）标记　法制计量管理标志。

2. 偏载误差

① 对天平进行偏载误差检定时，按秤盘的表面积，将秤盘划分为不同区域。载荷加放在秤盘的不同位置上，如下图所示。

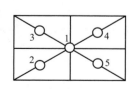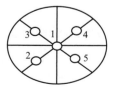

② 试验载荷选择不小于 1/3 最大秤量的砝码。

③ 载荷在不同位置的示值修正误差应不超过相应载荷最大允许误差的要求。

3. 重复性

① 多次称量之间的零点有偏差时，天平应重新置零。

② 如果天平具有自动置零装置、零点跟踪装置，应处于工作状态。

③ 试验载荷应选择 80%～100% 最大秤量的单个砝码，对于首次检定的天平，测量次数不得少于 10 次；对于后续检定或使用中检查的天平，测量次数不得少于 6 次。

4. 示值误差

① 各载荷点的示值误差应不超过该天平相应载荷的最大允许误差。

② 检定时载荷应从零点开始，逐渐地往上加载，直至加到天平的最大秤量，然后逐渐地卸下载荷，直到零点为止。

③ 试验载荷必须包括下述载荷点：零点或零点附近；最小秤量（如 Min<1mg，则此载荷按 1mg 选取）；最大允许误差转换点所对应的载荷；最大秤量。

无论加载或卸载，都应保证有足够的测量点。对于首次检定的天平，测量点不得少于 10 个。对于后续检定或使用中检查的天平，测量点可以适当减少，但不得少于 6 个。

5. 置零准确度

置零误差不得超过 $\pm 0.25e$。

6. 除皮称量

除皮后各载荷点的示值误差应不超过该天平相应载荷的最大允许误差。

7. 检定周期

天平的检定周期一般不超过 1 年。

项目三

溶液的配制

📄 项目描述

溶液是一种均一、稳定的混合物，溶质和溶剂共存。在化学分析中常常要将物质形成溶液后再进行分析检测，最常用的溶剂是水，本项目介绍了实验室用水的要求，常用玻璃器皿如何洗涤和干燥，烧杯、吸量管及容量瓶的使用，并安排了一般溶液和标准溶液的配制实训，以及溶液配制技能竞赛。

◎ 项目目标

1. 素养目标

培养文明操作的素质

培养积极上进的竞争拼搏精神

2. 知识目标

了解实验室用水的分级

知道烧杯、吸量管及容量瓶的规格

掌握溶液配制的计算

3. 技能目标

熟练洗涤常见的玻璃仪器

熟练使用吸量管

熟练容量瓶定容操作

📖 项目导图

	实验室用水
	常用玻璃器皿的洗涤与干燥
	几种常用玻璃仪器的使用
溶液的配制	氢氧化钠溶液配制
	盐酸溶液配制
	氯化钠标准溶液配制
	竞赛 溶液配制技能

知识一　实验室用水

一般天然水或者自来水（生活用水）中常含有氯化物、硫酸盐、碳酸盐、泥沙等少量无机物和有机物，影响分析的准确度，不能直接用于分析实验。分析实验室用水的原水应为饮用水或适当纯度的水，外观应为无色透明液体。

一、实验室用水的级别及主要指标

分析化学实验不能直接使用自来水或其他天然水，而需使用按一定方法制备得到的纯水，纯水并不是绝对不含杂质，只是杂质的含量极微而已。我国已建立了实验室用水规格的国家标准（GB/T 6682—2008），标准中规定了实验室用水的技术指标、制备方法及检验方法。实验室用水的级别及主要指标见表 3-1。

表 3-1　实验室用水的水质规格

指标名称	一级	二级	三级
pH 范围(25℃)	—	—	5.0～7.5
电导率(25℃)/(μS/cm)	≤0.01	≤0.10	≤0.50
吸光度(254nm,1cm 光程)	≤0.001	≤0.01	—
可氧化物质含量(以 O 计)/(mg/L)	—	≤0.08	≤0.4
蒸发残渣(105℃±2℃)/(mg/L)	—	≤1.0	≤2.0
可溶性硅(以 SiO_2 计)/(mg/L)	≤0.01	≤0.02	—

注：1. 由于在一级水、二级水的纯度下，难以测定其真实的 pH 值，因此，对一级水、二级水的 pH 值范围不做规定。

2. 由于在一级水的纯度下，难以测定可氧化物质和蒸发残渣，对其限量不做规定。可用其他条件和制备方法来保证一级水的质量。

1. 一级水

一级水用于有严格要求的分析试验，包括对颗粒有要求的试验。如高效液相色谱分析用水。

一级水可用二级水经过石英设备蒸馏或交换混床处理后，再经 0.2μm 微孔滤膜过滤来制取。

2. 二级水

二级水用于无机痕量分析等试验，如原子吸收光谱分析用水。

二级水可用多次蒸馏或离子交换等方法制取。

3. 三级水

三级水用于一般化学分析试验。

三级水可用蒸馏或离子交换等方法制取。

二、贮存

1. 容器

① 各级用水均使用密闭的、专用聚乙烯容器。三级水也可使用密闭、专用的玻璃容器。

② 新容器在使用前需用盐酸溶液（质量分数为 20%）浸泡 2～3 天，再用待测水反复冲洗，并注满待测水浸泡 6h 以上。

2. 贮存方法

各级水在贮存期间，其沾污的主要来源是容器可溶成分的溶解、空气中的二氧化碳和其他杂质。因此，一级水不可贮存，应使用前制备。二级水、三级水可适量制备，分别贮存在预先经同级水清洗过的相应容器中。

各级用水在运输过程中应避免沾污。

三、检验

在试验过程中，各项试验必须在洁净环境中进行，并采用适当措施，避免试样的沾污。试验中均使用分析纯试剂和相应级别的水。水样均精确至 0.1mL 量取，所用溶液以"%"表示的均为质量分数。

若按表 3-1 进行全检，很费时，一般化验工作只检电导率，以判断纯水质量。按以下方法检测电导率。

（1）仪器　采用相应的电导仪对不同级别的水进行检测。

用于一、二级水测定的电导仪：配备电极常数为 $0.01\sim0.1cm^{-1}$ 的"在线"电导池，并具有温度自动补偿功能。若电导仪不具温度补偿功能，可装"在线"热交换器，使测定时水温控制在 25℃±1℃；或记录水温度，并进行换算。

用于三级水测定的电导仪：配备电极常数为 $0.1\sim1cm^{-1}$ 的电导池。并具有温度自动补偿功能。若电导仪不具温度补偿功能，可装恒温水浴槽，使待测水样温度控制在 25℃±1℃；或记录水温度，并进行换算。

（2）测定步骤　按电导仪说明书安装调试仪器。

一、二级水的测量：将电导池装在水处理装置流动出水口处，调节水流速，赶净管道及电导池内的气泡，即可进行测量。

三级水的测量：取 400mL 水样于锥形瓶中，插入电导池后即可进行测量。

（3）注意事项　测量用的电导仪和电导池应定期进行检定。

知识二　常用玻璃器皿的洗涤与干燥

一、器皿的洗涤

分析化学实验中要求使用洁净的器皿，因此，在使用前必须将器皿充分洗净。

清洗的推荐方法为：先用机械方法除去器皿上的污染物，如用毛刷刷，或用水摇动（必要时可加入滤纸碎片）。油或油类物质可选用适当的溶剂去除，然后注入低泡沫洗涤液并用力摇晃，用自来水冲洗，直至洗涤液全部冲净，然后再用水洗三次。经上述处理后若内壁仍不够清洁，可用下述洗液洗涤。

（1）碱性高锰酸钾洗液　即等体积的 30g/L 的高锰酸钾溶液和 1mol/L 的氢氧化钠的混合溶液，可清除油污或其他有机物，洗后容器沾污处会有褐色二氧化锰产生，可用浓盐酸或草酸除去。

（2）铬酸洗液　洗液的配制：戴上防护手套、护目镜，在通风橱内将 20g 重铬酸钾研磨，先用 40mL 60℃水将重铬酸钾溶解，然后缓慢多次将 360mL 浓硫酸加入，边加边搅拌，冷却后贮存于棕色磨口试剂瓶中。

将被洗涤器皿尽量保持干燥，倒少许洗液于器皿中，转动器皿使其内壁被洗液浸润（必要时可用洗液浸泡），然后将洗液倒回原装瓶内以备再用（若洗液的颜色变绿，则另作处理）。最后用水冲洗器皿内残留的洗液，直到洗净为止。如用热的洗液洗涤，则去污能力更强。

洗液主要用于洗涤被无机物沾污的器皿，但它对有机物和油污的去污能力也较强，常用来洗涤一些口小、管细等形状特殊的器皿，如吸管、容量瓶等。

洗液具有强酸性、强氧化性，对衣服、皮肤、桌面、橡皮等有腐蚀作用，使用时要特别小心。另外六价铬对人体有害，又污染环境，应尽量少用。已还原成绿色的铬酸洗液，可加入固体 $KMnO_4$ 使其再生。这样，实际消耗的是 $KMnO_4$，可减少铬对环境的污染。配制时应作防护，如能用其他方法洗净就不要使用铬酸洗液。

（3）盐酸-乙醇洗液　将化学纯的盐酸和乙醇按 1∶2 的体积比混合，此洗液主要用于洗涤被染色的吸收池、比色管、吸量管等。

不论用上述哪种方法洗涤器皿，最后都必须用自来水冲洗，再用蒸馏水或去离子水荡洗三次。洗净的器皿，内壁应只留下均匀一薄层水，如壁上挂着水珠，说明没有洗净，必须重洗。

二、器皿的干燥

可在不加热的情况下干燥器皿：

将洗净的器皿倒置于干净的实验柜内或容器架上自然晾干；或用吹风机将器皿吹干；还可以在器皿内加入少量酒精，再将其倾斜转动，壁上的水即与酒精混合，然后倾出酒精和水，留在器皿内的酒精快速挥发，而使器皿干燥。

也可用加热的方法干燥器皿：

洗净的玻璃器皿可以放入恒温箱内烘干，应平放或器皿口向下放；烧杯或蒸发皿可在石棉网上用火烤干，建议玻璃量器烘干温度不得超过150℃。有刻度的量器不能用加热的方法干燥，因为加热会影响这些容器的精密度，还可能造成破裂。

 我会操作

重铬酸钾的称量

铬酸洗液的配制

知识三　几种常用玻璃仪器的使用

溶液配制过程中主要用的玻璃仪器有烧杯、吸量管及单标线容量瓶等。

一、烧杯的使用

烧杯是一种常见的实验室玻璃器皿，通常由玻璃或者耐热玻璃制成，顶部的一侧开有一个槽口。国标 GB/T 15724—2008《实验室玻璃仪器　烧杯》对烧杯的类型、结构、规格及外观要求作了明确的规定。

（一）认识烧杯

1. 类型及规格

烧杯分三类，分别是低型烧杯、高型烧杯和锥型烧杯，见表 3-2 和图 3-1～图 3-3。

表 3-2　烧杯的结构类型和规格系列

结构类型	规格系列
低型烧杯	5、10、25、50、100、150、200、250、300、400、500、600、800、1000、2000、3000、5000
高型烧杯	50、100、150、250、400、500、600、800、1000、2000、3000
锥型烧杯	50、100、150、200、250、300、500、1000

注：单位为毫升。

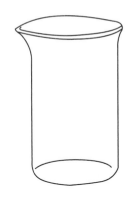

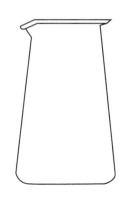

图 3-1　低型烧杯　　　　　图 3-2　高型烧杯　　　　　图 3-3　锥型烧杯

2. 结构

（1）上口　烧杯上口应在其边缘附近逐渐向外扩展，呈圆滑的曲线过渡，烧杯上口最大直径比烧杯外径大 10%～15%，上口与底的不平度不大于 2°。

（2）容量　烧杯的满口容量应超过标称容量的 10% 或者烧杯的满口容量与标称容量两液面间距不小于 10mm，并应采用容量差值较大的一种。

（3）嘴　当加入标称容量的水往外倾倒时，水应呈一束细流从嘴中流出。注满水的烧杯放在平台上继续注水，水应从嘴中流出而不是从其他部位流出。

（4）产品标志　烧杯上可印有分度，表示该烧杯的近似容量。下列标志应耐久、清楚地标在每个烧杯上。

①烧杯的标称容量，如"100mL"（或者"100"）；

② 制造厂商的名称或者商标；

③ 每个烧杯上有一块宜用铅笔做标记的记号面积。

（二）使用

① 当溶液需要移到其他容器内时，可以将杯口朝向有嘴的一侧倾斜，即可顺利地将溶液倒出。若要防止溶液沿着杯壁外侧流下，可用一支玻璃棒轻触杯口，则附在杯口的溶液即可顺利地沿玻璃棒流下（引流）。

② 给烧杯加热时要垫上石棉网，以均匀供热。不能用火焰直接加热烧杯，因为烧杯底面大，用火焰直接加热，只可烧到局部，会导致玻璃受热不匀而炸裂。加热时，烧杯外壁须擦干。

③ 用于溶解时，液体的量以不超过烧杯容积的 1/3 为宜，并用玻璃棒不断轻轻搅拌。溶解或稀释过程中，用玻璃棒搅拌时，不要触及杯底或杯壁。

④ 盛液体加热时，不要超过烧杯容积的 2/3，一般以烧杯容积的 1/3 为宜。

⑤ 加热腐蚀性药品时，可将一表面皿盖在烧杯口上，以免液体溅出。

⑥ 不可用烧杯长期盛放化学药品，以免落入尘土和使溶液中的水分蒸发。

二、吸量管的使用

吸量管俗称移液管，为量出式容器，标有"Ex"符号，是转移液体用的具有精确体积刻度的玻璃管状器具。GB/T 12808—2015《实验室玻璃仪器　单标线吸量管》、GB/T 12807—2021《实验室玻璃仪器　分度吸量管》对吸量管的分类、规格、结构、分度线和标数字等作了明确的规定。

（一）认识吸量管

吸量管分为单标线吸量管和分度吸量管。单标线吸量管有时也称为胖肚移液管，分度吸量管往往简称为吸量管，其分类及规格见表 3-3。

表 3-3　吸量管的分类及规格

型式		级别	规格
分度吸量管	不完全流出式	A 级	1、2、5、10、25、50
		B 级	0.1、0.2、0.25、0.5、1、2、5、10、25、50
	完全流出式	A、B 级	1、2、5、10、25、50
	有等待时间	A 级	0.5、1、2、5、10、25、50
	吹出式		0.1、0.2、0.25、0.5、1、2、5、10
单标线吸量管		A、B 级	1、2、3、5、10、15、20、25、50、100

注：规格单位为毫升。

1. 单标线吸量管

（1）结构　单标线吸量管为一根两端细长而中间膨大的玻璃管，管上部标有一环形刻度线，管中部膨大部分标有文字，一般用于移取较大体积的溶液，一支管只量取一种体积的溶液。单标线吸量管的结构如图 3-4 所示。

（2）相关规定

① 流出时间。系指水的弯液面从刻度线下降到流液口处明显停止的那一点所用的时间，流出时间是在吸量管竖直放置、接收容器稍微倾斜、使流液口尖端和容器内壁接触并保持不动的情况下测得的。流出时间及容量允差应符合表 3-4 的规定。

表 3-4　单标线吸量管计量要求一览表

项目		标称容量/mL									
		1	2	3	5	10	15	20	25	50	100
流出时间 /s	A 级	7～12		15～25		20～30		25～35		30～40	35～45
	B 级	5～12		10～25		15～30		20～35		25～40	30～45
容量允差 /mL	A 级	±0.007	±0.010	±0.015		±0.020	±0.025	±0.030		±0.050	±0.080
	B 级	±0.015	±0.020	±0.030		±0.040	±0.050	±0.060		±0.100	±0.160

② 流液口。流液口的结构应该牢固，呈平滑而渐缩的锥形，无突然的收缩。

③ 容量定义。20℃ 时吸量管按下述方式排空而流出的 20℃ 水的体积，以毫升（mL）表示。

把竖直放置的吸量管充水到高出刻度线几毫米，应除去黏附于流液口的液滴。然后用下述方法把下降的弯液面调定到刻度线：调定弯液面，应使弯液面的最低点与刻度线上边缘的水平面相切，视线应与刻度线上边缘在同一水平面上。将玻璃容器表面与吸量管口端接触以除去黏附于吸量管口端的液滴。仍竖直拿着吸量管，然后将水排入另一稍微倾斜的容器中，在整个排放和等待过程中，流液口尖端和容器内壁接触保持不动。吸量管放液应使弯液面到达流液口处静止。为保证液体完全流出，将吸量管从接收容器移走以前，在无规定一定的等待时间情况下，应遵守近似 3s 的等待时间；在规定等待时间的情况下，吸量管从容器移开前应遵守等待时间的规定。

2. 分度吸量管

（1）结构　分度吸量管为具有分刻度的玻璃管，可准确量取刻度范围内体积的溶液，一般用于量取较小体积或非整数体积的溶液。分度吸量管的结构如图 3-5 所示。

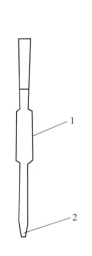

图 3-4　单标线吸量管
1—量管；2—流液口

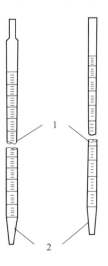

图 3-5　分度吸量管
1—量管；2—流液口

（2）分度吸量管的定义

① 不完全流出式分度吸量管：在测量液体体积时，将 20℃ 的被测液体从零线排放至最下端分度线的吸量管。

② 完全流出式分度吸量管：在测量液体体积时，将 20℃ 的被测液体从任意分度线排放

至流液口静止的吸量管。

③ 有等待时间的分度吸量管：在测量液体体积时，将20℃的被测液体从零线排放至液面高出指定分度线数毫米后，截断液流，等待15s，调整至该分度线的吸量管。

④ 吹出式分度吸量管：在测量液体体积时，将20℃的被测液体从任意分度线排放至流液口，待液面在流液口静止后，将最后一滴液体吹出的吸量管。

（3）流出时间　对于不完全流出式吸量管，从最高分度线至最低分度线；对于其他吸量管，从最高分度线流至弯液面明显处在流液口停止的那一点。流出时间及容量允差应符合表3-5的规定。

表 3-5　分度吸量管计量要求一览表

标称容量/mL	分度值/mL	容量允差/mL				流出时间/s		分度线宽度/mm
		流出式		吹出式		流出式	吹出式	
		A	B	A	B	A、B	A、B	
1	0.01	±0.008	±0.015	±0.008	±0.015	4～10	3～6	A级：≤0.3 B级：≤0.4
2	0.02	±0.012	±.025	±0.012	±.025	4～12		
5	0.05	±0.025	±0.050	±0.025	±0.050	6～14	5～10	
10	0.1	±0.05	±0.10	±0.05	±0.10	7～17		
25	0.2	±0.10	±0.20	—	—	11～21	—	
50	0.2	±0.10	±0.20	—	—	15～25		

（4）产品标志　产品标志应包含以下内容：①生产厂商标；②标准温度"20℃"；③标称容量值及单位"mL"；④级别符号"A级"或者"B级"；⑤吹出式符号"吹"或者"blow out"；⑥量出式符号"Ex"；⑦如果有规定等待时间应标上"15s"。

（二）吸量管的使用

1. 吸量管洗涤

以用自来水洗为例。

（1）吸　用烧杯装好自来水。用右手（不强求，大部分人习惯右手）的大拇指和中指（也可大拇指和小指一侧，中指和无名指一侧）拿住吸量管上部无刻度线处，将吸量管下端插入水中（1～2cm，不触底）。左手拿洗耳球，用食指按球体上方，将球内空气压出，然后把洗耳球的尖端对准吸量管的上管口，慢慢松开左手手指，将水吸入管内（吸量管尖端应随液面下降而下降）；当水吸到大约1/3容积时，移去洗耳球，速用右手食指按紧上管口。

（2）洗　将吸量管从烧杯中取出（吸量管尖端停留在烧杯上方），慢慢降低上管口，用右手食指控制水流速，让水接近离上管口3cm左右并布满全管内壁，用两手拇指、食指和中指轻轻转动吸量管，过一段时间后将吸量管竖立，让水从吸量管尖端自然流出。

以上操作为洗涤1次，一般应洗涤3～5次，洗干净为止。

（3）冲　用蒸馏水冲洗3～5次，将洁净的吸量管放好备用。

若吸量管较脏时，则先用铬酸洗液洗涤。在吸取铬酸洗液时吸取的量应超过最高刻线并持留一定时间后，将洗液从上管口流出，其他操作与用自来水洗涤相同，然后用自来水和蒸馏水分别洗3～5次。

2. 吸量管的移液操作

以从容量瓶中移取溶液至锥形瓶为例。

（1）润洗　从容量瓶将适量待移取液倒入洁净的小烧杯中，将吸量管插入溶液中，不触底，吸取待移取液至吸量管约1/3容积处，按洗涤步骤进行。从吸量管放出的溶液用来润洗烧杯内壁，连续进行 3～5 次，以达到用待移取液润洗吸量管的目的。润洗液不能倒回原瓶。

（2）吸液　将适量待移取液倒入小烧杯中，用润洗后的吸量管吸取溶液至分度线以上约 0.5cm。在吸液时，吸量管保持竖立状态，吸量管下口应插入液面下 1～2cm 处，并要随液面下降而下降。吸好溶液后，左手将洗耳球移开，同时立即换成用右手食指按住吸量管上管口。

（3）定液面　拿另一洁净烧杯定液面。吸量管成竖立状，管下端尖嘴紧靠烧杯内壁，并将烧杯稍微倾斜（如 30°角）；右手食指微放松，用拇指和中指轻轻转动吸量管，让管内溶液缓慢流出，液面平稳下降，当管内溶液弯月面最低处与标线相切时，立即用食指压紧管口，定好吸量管内液面；如是有规定等待时间的分度吸量管还应该等待所规定的等待时间。

（4）放液　左手拿锥形瓶使其稍微倾斜（如 30°角），右手使吸量管竖立并使下端紧靠锥形瓶内壁，放松右手食指，让溶液沿瓶壁流下。如果使用的是单标线吸量管，则移开食指让溶液自然流尽，见图 3-6。

吸量管放液应使弯液面到达流液口处静止。对无规定等待时间的吸量管，为保证液体完全流出，可大约等待 3s，随即将流液口移开（口端保留残留液）。

（5）移液完毕　移液完毕后清洗并放好吸量管。

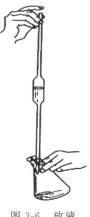

图 3-6　放液

👁 我会操作

单标线吸量管的使用

分度吸量管的使用

三、容量瓶的使用

容量瓶是一种常见的实验室玻璃容器，由无色或棕色玻璃制成，带有磨口玻璃塞，颈上有一标线。国标 GB/T 12806—2011《实验室玻璃仪器　单标线容量瓶》对容量瓶的类型、结构、规格及外观要求作了明确的规定。

（一）认识容量瓶

1. 常用术语

（1）标准温度　量入或量出其标称容积（容量）时的温度，应为 20℃。

（2）容量　在 20℃时，充满到刻度线所容纳的 20℃水的体积，以毫升表示。

（3）弯液面　待测容量的液体与空气的接触面。

2. 准确度等级及规格系列

准确度分为：A 级和 B 级。

规格系列分为：1mL、2mL、5mL、10mL、20mL、25mL、50mL、100mL、200mL、250mL、500mL、1000mL、2000mL 和 5000mL 共 14 种。

3. 结构

(1) 外形　容量瓶外身应呈梨形或者圆锥形，这样可以有大的底部，使容量瓶垂直立于平面而不摇晃或旋转，见图 3-7 和表 3-6。

表 3-6　容量瓶外形

标称容量/mL	瓶球外形
1～2	圆锥形
5～50	梨形或者圆锥形
100～5000	梨形

(2) 口和塞　容量瓶口应加工成凸边，适于加塞。塞可以由实心或者空心玻璃制成，或者合适的惰性材质做成。塞与口配套使用，一般不可混乱，以确保口与塞的密合性。

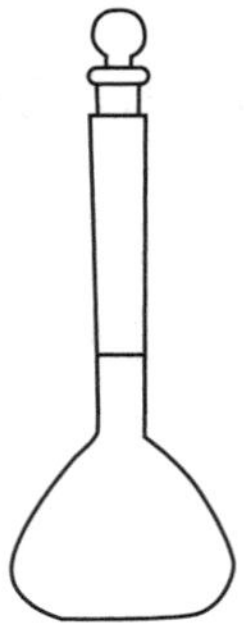

(3) 刻度线　刻度线应低于瓶颈下部的三分之二处，并不应小于从瓶颈的直径开始改变点起所确定的最小距离。刻度线应该清晰耐久，粗细均匀，宽度不应超过 0.4mm。位于和瓶底平行的平面，围绕整个瓶颈。

(4) 产品标志　下列标志应清晰、耐久地刻在每一个容量瓶上。

① 标称容量，如"100mL"；

② 标准温度"20℃"；

③ 适合的缩写词显示容量瓶是按量入式进行容量标定的，用字母"In"表示量入；

④ 准确度等级符号"A"或者"B"；

⑤ 生产企业或者销售商的名称或者商标；

⑥ 在瓶塞可换的情况下，塞的尺寸和号别。

图 3-7　容量瓶

（二）使用

容量瓶的主要用途是配制准确浓度的溶液或定量地稀释溶液。它常和移液管配合使用，可把配成溶液的某种物质分成若干等份。

1. 容量瓶的准备

(1) 检查　检查容量瓶的容积与所需的体积是否一致；检查容量瓶的瓶塞是否系在瓶颈上，若没有则系上。

(2) 试漏　向容量瓶中注入自来水至标线，盖紧瓶塞；用左手食指按住瓶塞、右手指尖握住瓶底边缘，颠倒 10 次，每次颠倒时在倒置状态下至少停留 10s；用滤纸在瓶塞与瓶口周围查看是否漏水；若不漏水将容量瓶直立，转动瓶塞 180°，盖紧瓶塞再颠倒 10 次，再试是否漏水；若漏水则该瓶不能用。

(3) 洗涤　对较脏的容量瓶，可倒入少量的铬酸洗液，盖紧瓶塞，摇动瓶和颠倒瓶数次，让洗液布满容量瓶内壁（保持一段时间），之后将洗液倒回原瓶（边转瓶边倒液），并用铬酸洗液冲洗瓶塞；然后用自来水冲洗容量瓶和瓶塞，再用蒸馏水润洗容量瓶及瓶塞，分别 3～5 次；盖好瓶塞备用。对较干净的容量瓶，则直接用自来水和蒸馏水洗即可。

2. 用容量瓶配制溶液的操作（以水为溶剂为例）

(1) 称量或量取　将准确称量好的固体（或准确量取好的浓溶液）置于干净烧杯中。

(2) 溶解　用蒸馏水将上述溶质全部溶解，放置至室温。（注意：浓硫酸的溶解，应在烧杯中先加入适量的水，慢慢沿烧杯内壁倒入量好的浓硫酸，用玻璃棒不断搅拌。）

（3）转移　一手拿玻璃棒，将玻璃棒伸入容量瓶内，下端靠着瓶颈内壁（磨口以下），上端不碰瓶口；另一手拿烧杯，让烧杯嘴紧贴玻璃棒，慢慢倾斜烧杯，使溶液沿玻璃棒由容量瓶内壁流入。溶液流完后，将烧杯沿玻璃棒轻轻上提（1～2cm），将烧杯直立，并将玻璃棒就近放回烧杯，不要放在烧杯嘴，也不要让玻璃棒在烧杯内滚动，可用左手食指将其扶住。用少量蒸馏水冲洗烧杯内壁和玻璃棒，冲洗液也转入容量瓶中，反复3～5次。整个过程不得将溶液损失，见图3-8(a)。

（4）定容　往瓶中加入蒸馏水到容积约2/3处，水平方向摇匀；继续加蒸馏水到容量瓶刻度线下约1cm处，放置等待约2min。用滴管逐滴加蒸馏水至弯液面最低点与刻度线上边缘水平相切为止。

（5）摇匀　随即盖紧瓶塞，左手捏住瓶颈上端，食指压住瓶塞，右手手指（一般用三个手指即可）托住瓶底[图3-8(b)]，将容量瓶颠倒15次以上，每次颠倒时都应使瓶内气泡升到顶部，倒置时应水平摆动几周[图3-8(c)]；开塞，重复操作，可使瓶内溶液充分混匀。100mL以下的容量瓶，可不用右手托瓶，一只手抓住瓶颈及瓶塞进行颠倒和摇动即可。

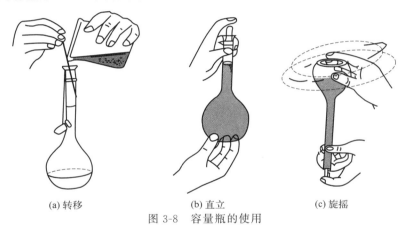

(a) 转移　　　　(b) 直立　　　　(c) 旋摇

图 3-8　容量瓶的使用

（6）贴标签　标签内容应含：溶液名称、浓度、介质、配制时间、配制人和有效期等。

（7）溶液的保存　配制好的溶液应妥善保存。若需长期保存时，应转入试剂瓶中，不能将容量瓶当作试剂瓶用。特别是对玻璃有腐蚀作用的溶液，如强碱溶液，不能在容量瓶中久贮，配好后应立即转移到其他容器（如塑料试剂瓶）中密闭存放。

👁 我会操作

容量瓶的洗涤、试漏及定量

任务一　氢氧化钠溶液配制

一、实训目的

1. 学习溶液配制技术；
2. 养成正确、及时记录实验数据的习惯；
3. 培养文明操作的素质。

二、实训原理

配制 0.1mol/L 氢氧化钠溶液 250mL，所需氢氧化钠的质量 m：
$$m(\text{NaOH}) = nM = cVM = 0.1\text{mol/L} \times 250 \times 10^{-3}\text{L} \times 40\text{g/mol} = 1\text{g}$$

三、仪器及试剂

电子秤、试剂瓶、小烧杯、玻璃棒、称量纸、氢氧化钠等。

四、实训步骤

① 称量：用电子秤称取 1g 氢氧化钠于烧杯中。

② 配制溶液：用量筒量取 50mL 左右蒸馏水倒入烧杯中，用玻璃棒搅拌直至氢氧化钠完全溶解。用量筒量取 200mL 左右的蒸馏水于烧杯中，搅拌。将配制好的 250mL 0.1mol/L 氢氧化钠溶液转移至试剂瓶中。摇匀、贴上标签。

③ 结束工作：整理实验台，清洗玻璃仪器，将仪器归位并打扫实验室。

五、数据及结果

氢氧化钠溶液配制数据记录格式示例

编号	1	2	3
氢氧化钠质量 m/g			
氢氧化钠溶液体积 V/mL			
氢氧化钠溶液浓度 c/(mol/L)			
计时/min			

？ 思考

1. 为什么直接用电子秤而不用电子天平？
2. 本次实验影响结果的关键因素是什么？

👁 我会操作

氢氧化钠溶液的配制

　　　　　化学分析基本操作技术

任务二　盐酸溶液配制

一、实训目的

1. 熟悉吸量管的使用；
2. 熟悉溶液配制技术；
3. 进一步规范数据记录、填写；
4. 养成文明操作的习惯。

二、实训原理

溶液在稀释前后溶质的量不变，$c_1V_1=c_2V_2$。

配制 $0.1mol/L$ 盐酸溶液 $250mL$，所需浓盐酸的体积 V：

$$V=\frac{0.1mol/L\times250mL}{12mol/L}\approx2mL$$

三、仪器及试剂

量筒、小烧杯、玻璃棒、盐酸等。

四、实训步骤

① 用量筒量取 $250mL$ 左右蒸馏水倒入烧杯中。
② 用量筒量取浓盐酸 $2mL$。
③ 将量筒中的浓盐酸通过玻璃棒引流至烧杯中，搅拌，盖上表面皿。
④ 将配制好的 $250mL$ $0.1mol/L$ 盐酸溶液转移至试剂瓶中。
⑤ 摇匀、贴上标签。
⑥ 清洗玻璃仪器，将仪器归位并打扫实验室。

五、数据及结果

盐酸溶液配制数据记录格式示例

编号	1	2	3
浓盐酸体积 V_1/mL			
盐酸溶液体积 V_2/mL			
盐酸溶液浓度 $c/(mol/L)$			
计时/min			

？思考

1. 为什么直接用量筒而不用吸量管？

2. 本次实验影响结果的关键因素是什么?

 我会操作

盐酸溶液的配制

任务三　氯化钠标准溶液配制

一、实训目的

1. 熟悉电子天平的使用；
2. 学习溶液配制技术；
3. 养成正确、及时记录实验数据的习惯；
4. 培养文明操作的素质。

二、实训原理

配制 0.1000mol/L 氯化钠溶液 100mL，所需氯化钠的质量 m：

$$m(\text{NaCl}) = nM = cVM = 0.1000\text{mol/L} \times 100 \times 10^{-3}\text{L} \times 58.44\text{g/mol} = 0.5844\text{g}$$

三、仪器及试剂

电子天平、容量瓶、小烧杯、玻璃棒、称量纸、热源化钠等。

四、实训步骤

① 称量：用电子天平称取 0.5844g 氯化钠，置于烧杯中。
② 溶解：加适量蒸馏水于烧杯中，用玻璃棒搅拌直至氯化钠完全溶解。
③ 转移：将溶液转移至 100mL 容量瓶中。
④ 洗涤并转移：用洗瓶吹洗烧杯，并将洗液转移至容量瓶中，洗涤三次。
⑤ 平摇。
⑥ 补水：加蒸馏水至刻线附近。
⑦ 静置：2min。
⑧ 定容：用胶头滴管滴加蒸馏水定容至刻线。
⑨ 摇匀。
⑩ 转移：将配制好的 100mL 0.1000mol/L 氯化钠溶液转移至试剂瓶中。
⑪ 贴上标签。

五、数据及结果

氯化钠标准溶液配制数据记录格式示例

编号	1	2	3
氯化钠质量 m/g			
氯化钠溶液体积 V/mL			
氯化钠溶液浓度 c/(mol/L)			
计时/min			

? 思考

1. 为什么定容到刻度时要等 2min？

2. 本次实验影响结果的关键因素是什么？

我会操作

氯化钠标准溶液的配制

任务四　竞赛　溶液配制技能

一、题目：配制 12.00μg/mL 碳酸钠溶液

称取一定质量碳酸钠，溶解并转移到 100mL 容量瓶中，配制成 1200μg/mL 碳酸钠溶液（Ⅰ溶液）；用吸量管吸取一定体积Ⅰ溶液置 100mL 容量瓶中，配制成 120.0μg/mL 碳酸钠溶液（Ⅱ溶液）；用吸量管吸取一定体积Ⅱ溶液置 50mL 容量瓶中，配制成 12.00μg/mL 碳酸钠溶液（Ⅲ溶液）。

二、数据及结果

溶液配制技能竞赛数据记录格式示例

编号	1	2	3
碳酸钠质量/g			
Ⅰ溶液浓度 ρ/(μg/mL)			
吸取Ⅰ溶液体积/mL			
Ⅱ溶液浓度 ρ/(μg/mL)			
吸取Ⅱ溶液体积/mL			
Ⅲ溶液浓度 ρ/(μg/mL)			
计时/min			

三、评分标准

评分标准

任务及配分	分值	技能要求	扣分说明	备注
仪器准备 9分	3	实验台的清洁、整理	每错一项扣3分,扣完为止	
	3	玻璃量具的选择		
	3	玻璃量具的清洗		
称量 14分	3	天平准备到位	每错一项扣3分,扣完为止	
	8	称量操作正确		
	3	称量范围合理		
溶液的制备 50分	5	吸量管润洗正确	每错一项扣去相应分,扣完为止	
	5	容量瓶正确试漏		
	6	吸量管正确操作		
	20	移取溶液正确		
	14	容量瓶定容准确		
原始记录 15分	5	任务齐全、不空项	空1项扣1分,扣完为止	
	5	数据填在原始记录上	记在别处,每次扣1分	
	5	请示后更改数值	每错一项扣2分,扣完为止	
结束工作 12分	3	清洗	每错一项扣3分,扣完为止	
	3	台面整理		
	3	填写记录本		
	3	废物、废液处理		
时间	90分钟		每超1分钟扣1分,最多超时15分钟	
重大失误(错误)	溶液配制失误,重新配制的		每次扣5分	
	损坏玻璃仪器的		每次扣5分	
	篡改测量数据,如伪造、凑数据等		直接为零分	

容量仪器的校准

由于玻璃容量器皿有热胀冷缩的特性，在不同的温度下容量器皿的体积也有所不同。因此，校准玻璃容量器皿时，必须规定一个共同的温度值，这一规定温度值为标准温度。国际上规定玻璃容量器皿的标准温度为 20℃。即在校准时都将玻璃容量器皿的容积校准到 20℃ 时的实际容积。

在容量分析中作为容积的基本单位是 mL，1mL 是指在真空中，1g 纯水在最大密度时（4℃）所占的体积。即在 4℃ 真空中称得的水的质量（g），在数值上等于它的体积（mL）。但是 4℃ 和真空并不是实际的测量环境，在实际的工作中，容器的水重是在室温和空气中称量的，因此必须考虑空气浮力和温度的影响。将这些因素校正后，通过计算得到校准体积。

校准的方法有衡量法和相对校准法。

一、衡量法

玻璃量器在标准温度 20℃ 时的实际容积按下式计算：

$$V_{20} = \frac{m(\rho_B - \rho_A)}{\rho_B(\rho_W - \rho_A)} \times [1 + \beta(20 - t)]$$

式中　V_{20}——标准温度 20℃ 时的实际容积，mL；

　　　m——玻璃量器内容纳水的表观质量，g；

　　　ρ_B——砝码密度，取 8.00g/cm³；

　　　ρ_A——测定时实验室空气的密度，取 0.0012g/cm³；

　　　ρ_W——水在 t 时的密度，g/cm³；

　　　β——玻璃量器的膨胀系数，℃⁻¹；

　　　t——水的温度，℃。

为了简化计算过程，可以将上式简化成：

$$V_{20} = mK(t)$$

$$K(t) = \frac{\rho_B - \rho_A}{\rho_B(\rho_W - \rho_A)} \times [1 + \beta(20 - t)]$$

$K(t)$ 可以查阅 JJG 196—2006《常用玻璃量器》和 GB/T 12810—2021《实验室玻璃仪器　玻璃量器的容量校准和使用方法》。

下面以 50mL 滴定管为例说明校准过程。

① 取已洗净且干燥的 50mL 带盖称量瓶，在电子天平上称其质量，记录此时天平的显示值。

② 将 50mL 滴定管洗净，并向滴定管中装入与室温达平衡的蒸馏水。

③ 将滴定管的液面调至 0.00 处。将称量瓶放在滴定管下方流液口处（此时流液口与称量瓶器壁接触）。开启滴定管的旋塞阀门，使水流入称量瓶内，至校准分度线上方约 5mm 处关闭活塞，在规定等待时间后再次开启旋塞阀门，当弯液面最低点与分度线上缘相切时关闭旋塞阀门，用称量瓶移去流液口处的最后一滴水。记录此时的水温度，将称量瓶放入电子天平秤盘中进行称量，记录此时天平的显示值。

④ 两次质量之差即滴定管放出水的质量，按下式计算该温度下滴定管的实际容积：

$$V_{20} = mK(t)$$

⑤ 重复校准一次，两次校准所得同一刻度的体积差应不大于 0.01mL（至少校准两次）。算出各个体积处的校准值（两次平均），以滴定管读数为横坐标，校准值为纵坐标，用直线连接各点，绘出校准曲线。

一般，50mL 滴定管每隔 10mL 测得一个校准值，25mL 滴定管每隔 5mL 测得一个校准值。

吸量管、容量瓶等可参照滴定管的操作方法进行校准。

二、相对校准法

相对校准法是比较两容器所盛液体体积的比例关系的方法。在定量分析中，许多实验都需要用容量瓶配制溶液，再用吸量管移取一定比例的试样供测试用。为了保证移出试样的比例准确，就必须进行容量瓶与移液管的相对校准。如用 25mL 吸量管从 250mL 容量瓶中移出溶液的体积是不是容量瓶体积的 1/10，一般只需要做容量瓶与吸量管的相对校准就可以了。

例如用已校准的 5mL 吸量管移取蒸馏水于干净且干燥的 50mL 容量瓶中，平行移取 10 次，观察容量瓶中水的弯月面下缘是否刚好与标线上缘相切，这种校准方法称为相对校准法。若正好相切，则说明吸量管与容量瓶的体积比为 1∶10；若不相切，则说明有误差，记下弯液面位置，待容量瓶沥干后再校准一次；若连续两次相符，则用一平直的窄纸条贴在与弯月面相切之处，并在纸条上刷蜡或贴胶布来保护标记。相互校准后，吸量管与容量瓶应配套使用。

在分析工作中，滴定管一般采用衡量校准法；对于配套使用的吸量管和容量瓶，可采用相对校准法；用作取样的吸量管，则必须采用衡量校准法。

滴定操作

项目描述

滴定是将标准溶液滴加到待测液中，通过指示剂颜色的变化确定滴定终点，进而求得待测液浓度的操作。

在本项目中我们将学习滴定管的结构和种类，如酸式、碱式滴定管；学习滴定管的操作，如试漏、赶气泡、半滴到终点、准确读数等；学习盐酸、氢氧化钠标准溶液的标定；知道不同酸碱性溶液使用不同指示剂的原因；滴定操作技能竞赛将进一步促进我们操作技能的提升。

项目目标

1. 素养目标
领悟"量变到质变"的道理
培养环境保护意识
养成严谨求实的科学素养
培养积极上进的竞争拼搏精神

2. 知识目标
知道滴定管的结构
知道根据滴定液的性质选择合适的滴定管
掌握滴定的原理
掌握滴定计算

3. 技能目标
会操作滴定管
能准确判断滴定终点
能准确读数

项目导图

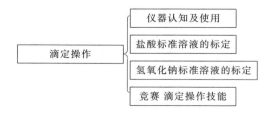

知识 仪器认识及使用

滴定过程中常用的玻璃仪器有滴定管、锥形瓶等。

滴定管是滴定分析中最为重要的仪器，属于量出式量器，是具有精密容积刻度、内径均匀并带有控制溶液流速装置的细长管状玻璃器具，主要用于准确测量放出溶液的体积。国标GB/T 12805—2011《实验室玻璃仪器 滴定管》对滴定管的类型、结构、规格及外观要求作了明确的规定。

一、认识滴定管

1. 类型及规格

滴定管的结构类型和规格系列见表 4-1。

表 4-1 滴定管的结构类型和规格系列

结构类型	规格系列
具塞滴定管	5、10、25、50、100
无塞滴定管	5、10、25、50、100
三通活塞滴定管	10、25、50、100
三通旋塞自动定零位滴定管	10、25、50、100
侧边旋塞自动滴定管	5、10、25、50
侧边三通旋塞自动滴定管	5、10、25、50
座式滴定管	1、2、5、10

注：单位为毫升。

2. 结构

（1）滴定管的结构和尺寸 具塞滴定管俗称酸式滴定管，其结构与尺寸见图 4-1 和表 4-2；无塞滴定管俗称碱式滴定管，其结构与尺寸见图 4-2 和表 4-3。

表 4-2 具塞滴定管尺寸

标称总容量/mL	5	10	25	50	100
最小分度值/mL	0.02	0.05	0.1	0.1	0.2
滴定管全长 L_1/mm	≤600	≤600	≤660	≤860	≤860
分度表长 L_2/mm	300~400	300~400	300~450	500~650	500~650
壁厚 S/mm	1.5±0.3	1.3±0.3	1.3±0.3	1.3±0.3	1.3±0.3

表 4-3 无塞滴定管尺寸

标称总容量/mL	5	10	25	50	100
最小分度值/mL	0.02	0.05	0.1	0.1	0.2
滴定管全长 L_1/mm	≤520	≤520	≤570	≤770	≤770
分度表长 L_2/mm	300~400	300~400	300~450	500~650	500~650
壁厚 S/mm	1.5±0.3	1.3±0.3	1.3±0.3	1.3±0.3	1.3±0.3
流液管长 L_3/mm	40~50	40~50	50~60	50~60	50~60

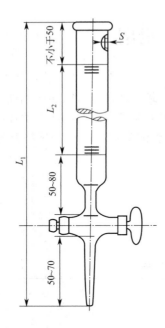

图 4-1 具塞滴定管

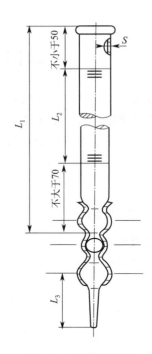

图 4-2 无塞滴定管

（2）容量

① 准确度等级：准确度等级分为 A 级和 B 级。

② 容量允差：标准温度 20℃时，以水为介质，以规定的时间流出，等待 30s 后读数。几种规格的滴定管容量允差见表 4-4。

表 4-4　容量允差

标称总容量/mL		1	2	5	10	25	50	100
最小分度值/mL		0.01	0.01	0.02	0.05	0.1	0.1	0.2
容量允差/mL	A	±0.010	±0.010	±0.010	±0.025	±0.04	±0.05	±0.10
	B	±0.020	±0.020	±0.020	±0.050	±0.08	±0.10	±0.20

（3）旋塞　玻璃旋塞的锥度约为 1∶10，四氟旋塞的锥度约为 1∶5。旋塞密封性要求如下：

① 玻璃旋塞的滴定管竖直放置 20min，A、B 级渗透量不应大于最小分度值；

② 其他材质旋塞的滴定管竖直放置 50min，A 级渗透量不应大于最小分度值的二分之一；B 级渗透量不应大于最小分度值。

（4）分度线　分度线应清晰、耐久、均匀、平直并与滴定管的轴线垂直，宽度不应超过 0.3mm。分度线（图 4-3）的排列如下：

① 最小分度值为 0.1mL 或者 0.01mL 的滴定管：

a. 每第十条刻度线应该是一条长线；

b. 相邻两条长线中间应是一条中线；

c. 相邻中线与长线之间应该是四条短线。

② 最小分度值为 0.2mL 或者 0.02mL 的滴定管：

a. 每第五条刻度线应该是一条长线；

b. 相邻两条长线中间应是等距离的四条中线。

③ 最小分度值为 0.05mL 的滴定管：

a. 每第十条刻度线应该是一条长线；

b. 相邻两条长线中间应是四条等距中线；

c. 相邻两条中线之间或者中线与长线之间是一条短线。

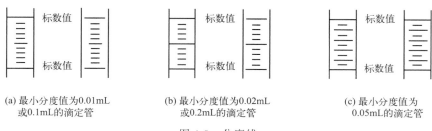

图 4-3　分度线

（5）产品标志　下列标志应耐久、清楚地以喷或者印的方法标在每个滴定管上。

a. 标称容量，如 "100"；

b. 计量单位 mL；

c. 制造厂商的名称或者商标；

d. 20℃表示标准温度；

e. Ex 表示量出式；

f. A 或者 B 表示滴定管的准确度等级。

二、滴定管的使用

（一）具塞（酸式）滴定管的使用

1. 滴定管的准备

（1）检查活塞　用手旋转滴定管活塞，检查活塞与活塞槽是否配套吻合。若不配套则更换。

（2）活塞涂油　将滴定管平放于台上，取下活塞上的乳胶圈，取出活塞；用滤纸擦干活塞和活塞槽，用金属丝除去残存的油脂；用食指蘸取少许凡士林，往活塞的粗端外壁和活塞槽的细端内壁分别均匀地涂上薄薄一层；将涂好凡士林的活塞平行地插入活塞槽，压紧，再向一个方向转动几圈，使凡士林分布均匀并呈透明状，且活塞转动要灵活。涂好油后，将乳胶圈套上。接着再进行试漏。

（3）试漏　将滴定管装水至零刻线，竖直放置 20min，渗透量不应大于最小分度值。在实际工作中为了简便往往这样试漏：关闭活塞，将滴定管装水至零刻线以上，用滤纸将滴定管外壁擦干，置于滴定管架上，直立静置 1～2min，观察管下端有无水漏出；然后用滤纸在活塞周围和滴管尖检查有无水渗出。再将活塞转动 180°，重新检查。若管不漏水则进行洗涤操作；若管漏水则进行涂油。

（4）洗涤　对较脏的滴定管，首先应用铬酸洗液洗。当管内无水时，关闭活塞，倒入 15mL 左右铬酸洗液；先从下端放出少许，然后右手拿住滴定管上部无刻线部分，左手拿管活塞上部无刻线部分，两手平端管并转动管，使洗液布满全管（操作时管口对准洗液瓶口，以防洗液外流）。一段时间后，立起滴定管，打开活塞，让洗液从管上口流回原洗液瓶里。

接着，用自来水冲洗 3～5 次；然后，用蒸馏水洗 3～5 次。

2. 滴定管的使用

（1）润洗　将试剂瓶中的溶液振摇均匀。关闭活塞，向滴定管中装入适量溶液（如 50mL 滴定管可以装入 15～20mL 的溶液），润洗滴定管 3～5 次，润洗方法与洗涤方法相同，润洗液不能倒回原瓶。

（2）装液　滴定管润洗后，关闭活塞，用左手前三指拿住管上部无刻线处，倾斜滴定管（如 30°角）；右手拿试剂瓶往滴定管中倾倒溶液，使溶液沿滴定管内壁慢慢流下至零刻线以上。

（3）赶气泡　右手拿滴定管上部无刻线处，使管倾斜约 30°角，管下放置一烧杯；左手速开活塞，使溶液急促冲出，以赶走气泡，让管出口处全部充满溶液。若仍然不能完全排去气泡，可在活塞打开的情况下，上下晃动滴定管以达到排气泡的目的。

（4）定液面　加溶液至零线以上 5mm 左右，将滴定管竖直放好，拧动活塞，放掉过多的溶液，认真调节使管内弯液面下沿刚好与零刻度线相切。

（5）移除流液口的最后一滴液滴　流液口液体残留量与接收滴定液的容器的材质、表面特性、流液口与容器的接触角有关。因此，为保持操作条件一致，推荐另准备一个与接收滴定液的容器尽可能相同的干净的备用容器，在调定零点后、开始滴定前用备用容器内壁移除流液口的最后一滴液滴，如果能保证接收滴定液的容器外壁清洁且表面特性、接触角与内壁一致或接近，可以用接收滴定液的容器的外壁移除流液口的最后一滴液滴。在实际工作中，为了简便往往用锥形瓶外壁的下方靠去这滴残液。

滴定结束、读数前必须用接收滴定液的容器的内壁移除流液口的最后一滴液滴。

（6）滴定　滴定管竖直夹于滴定架上，在锥形瓶中进行滴定时，滴定管尖端距离瓶口 3～5cm，见图 4-4。滴定时，将滴定管下端伸入瓶口约 1cm。左手无名指和小指弯向手心，用其余三指控制活塞旋转，不要将活塞向外顶，也不要太向里紧扣，以免使活塞转动不灵。

右手前三指拿住瓶颈，其他配合，见图 4-5，均匀摇动锥形瓶（巧用手腕关节，使溶液向一个方向旋转），眼睛认真观察瓶中溶液颜色变化。当到达滴定终点时，立即关闭活塞停止滴定。在滴定过程中有以下三种滴定方式：

①逐滴滴加：这种方式适用于远未达到滴定终点时的滴定。滴定开始阶段，滴定速度可快些，但不可成线，以每秒 3～4 滴为宜，左右手配合好，边滴边摇；在快到达滴定终点时，应减慢滴定速度，同时要滴一滴就摇几下。

②只加一滴：这是接近滴定终点的滴定方式。左手控制好活塞，只加一滴，不能多加，然后振摇，观察溶液颜色变化。

③加半滴：这也是接近滴定终点的滴定方式。先控制活塞的转动，使半滴溶液悬于管口，用锥形瓶内壁碰接液滴，再用蒸馏水吹洗瓶壁以让滴加液流下，而最终到达终点。

（7）读数　滴定结束，30s 后进行读数。读数的正确与否与滴定管竖直、视线与读数点处于同一水平面、合适的背景和光线有关。读数时，从滴定架上取下滴定管，用拇指和食指轻捏住滴定管上部无刻线处（当滴定体积较大、读数不便时可用拇指与食指轻捏滴定管的液面以上并且是重心以上的部位），利用滴定管的自重保持竖直。适当调整方向选择合适的背景光线，眼睛与读数点处于同一水平面，常量滴定管读数准确至 0.01mL，将数据立即记录在指定位置。对于无色或浅色溶液，视线与溶液弯月面下缘最低点相切；对于深色溶液，视线与液面两侧最高点相切。

（8）清理　数据读完，滴定完毕，倒出管中余液（不可倒回原瓶），用水将滴定管冲洗干净，然后用蒸馏水装满放好备用。

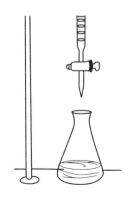
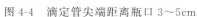

图 4-4　滴定管尖端距离瓶口 3～5cm

图 4-5　滴定操作

（二）无塞（碱式）滴定管的使用

1. 检查
检查碱式滴定管下端的橡胶管是否老化、玻璃珠大小是否配套，否则均需换之。

2. 试漏
与酸式滴定管方法基本相同，若管不漏水则进行洗涤操作；若管漏水则应更换橡胶管或玻璃珠。

3. 洗涤
脱下橡胶管，拔出尖嘴管，取出玻璃珠。将尖嘴管和玻璃珠浸泡于铬酸洗液中。将滴定管倒立于铬酸洗液中，用洗耳球吸取洗液并充满全管，然后将洗液放回原瓶。用自来水冲洗滴定管、尖嘴管和玻璃珠 3～5 次，将玻璃珠、橡胶管、尖嘴管和滴定管安装好，用蒸馏水洗涤 3～5 次。

4. 润洗
用滴定液润洗管 3～5 次，润洗液不可倒回原瓶。

5. 装液
装液至零刻线以上 5mm 左右。

6. 赶气泡
滴定管夹于滴定架上，用左手拇指和食指捏住玻璃珠的上部橡胶管，将橡胶管向上弯曲、尖嘴管倾斜向上，迅速用力往一旁挤捏橡胶管，使溶液从管口喷出，以除去气泡，然后将橡胶管放直，松开左手，见图 4-6。补装溶液至零刻线以上 5mm 左右。

7. 定液面
在管下放一烧杯，用左手拇指和食指捏住玻璃珠上部的橡胶管，慢慢放掉过多的溶液，认真调节使管内弯液面下沿刚好与零刻度线相切。

8. 移除流液口的最后一滴液滴
与酸式滴定管方法相同。

9. 滴定
滴定管竖直夹于滴定架上，锥形瓶放于滴定架瓷板上，滴定前滴定管尖口离锥形瓶口垂

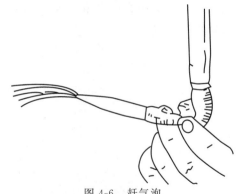

图 4-6　赶气泡

直距离 3～5cm；滴定时，管尖伸入锥形瓶口约 1cm，左手挤捏，右手摇瓶，眼睛观察。

左手挤捏方法：左手持住滴定管，拇指在前、食指在后，挤捏玻璃珠稍上部的橡胶管，使玻璃珠与橡胶管形成缝隙，让溶液流出，控制流速；无名指和小指夹住尖嘴管，使尖嘴管垂直不摆动。滴定结束，先松开拇指和食指，再松开无名指和小指，见图 4-7。

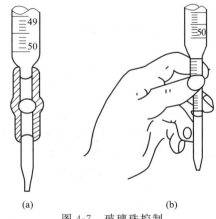

(a)　　　　　　　　　　(b)

图 4-7　玻璃珠控制

10. 读数

同酸式滴定管。

11. 清理

👁 我会操作

滴定管的使用

任务一　盐酸标准溶液的标定

一、实训目的

1. 熟悉滴定操作。
2. 掌握酸标准溶液的标定方法。
3. 掌握滴定操作及终点的判断。

二、实训原理

用碳酸钠基准物标定。滴定的突跃范围为 pH 5.3～3.5（反应完全时，溶液的 pH 为 3.9），通常选用甲基橙作指示剂，滴定终点溶液由黄色变为橙色。在滴定至近终点时应剧烈摇动锥形瓶促进碳酸分解。将蒸馏水煮沸以去除 CO_2，防止终点提前。

用碳酸钠基准物标定，使用前应将碳酸钠在烘箱内 270～300℃条件下干燥 2h，在干燥器中冷却至室温备用。

三、仪器及试剂

滴定管 50mL；盐酸 0.1mol/L；基准碳酸钠（270～300℃干燥 2h）；甲基橙指示剂 0.2％水溶液。

四、实训步骤

称取基准无水碳酸钠（270～300℃干燥 2h）0.2g（准确到 0.0001g），分别置于锥形瓶中，加 50mL 新煮沸过并冷却的蒸馏水溶解后，加 1～2 滴甲基橙指示剂，用 0.1mol/L 盐酸标准溶液滴定由黄色变为橙色，记下所消耗标准溶液的体积。平行测定四份，同时做一份空白试验。

五、数据及结果

实验数据记录于下表中。

盐酸标准溶液的标定

编号		1	2	3	4	空白
称量	初读数/g					
	终读数/g					
	质量/g					
滴定	初读数/mL					
	终读数/mL					
	体积/mL					
	减空白后体积/mL					
	浓度/(mol/L)					
	平均浓度/(mol/L)					
	RSD/％					

? 思考

1. 用甲基橙作指示剂时，以 HCl 标准溶液滴定至溶液由黄色变为橙色，而不能滴至由黄色变为红色，为什么？

2. 为什么要用新煮沸过并冷却的蒸馏水溶解基准碳酸钠？

◉ 我会操作

盐酸标准溶液的标定

化学分析基本操作技术

任务二 氢氧化钠标准溶液的标定

一、实训目的

1. 熟悉滴定操作。
2. 掌握碱标准溶液的标定方法。
3. 懂得"从量变到质变"的辩证原理。

二、实训原理

氢氧化钠具有很强的吸湿性，也易吸收空气中的 CO_2，因此不能用直接法配制标准溶液，而是先配制成近似所需浓度的溶液，然后进行标定。

常用来标定氢氧化钠溶液的基准试剂为邻苯二甲酸氢钾（$KHC_8H_4O_4$，缩写为 KHP）。滴定时可选用酚酞为指示剂。

三、仪器及试剂

碱式滴定管（50mL），邻苯二甲酸氢钾基准试剂，1％酚酞指示剂。

四、实训步骤

准确称取 4 份 KHP，每份 0.4～0.6g（精确至 0.0001g），分别置于 250mL 锥形瓶中，各加入 25mL 蒸馏水，温热使之溶解，冷却后，各加入 2 滴 1％酚酞指示剂，用 0.1mol/L 的 NaOH 待标定溶液滴定至微红色，并保持 30s 不褪色即为终点。平行测定四份，并做一份空白试验。

五、数据及结果

将实验数据记录于下表中。

氢氧化钠标准溶液的标定

编号		1	2	3	4	空白
$m(KHC_8H_4O_4)$/g						
滴定管读数/mL	终点					
	起点					
NaOH 滴定液用量 V/mL	读数差					
	减空白后					
$c(NaOH)$/(mol/L)	公式：$c(NaOH)=$					
$c_{平均值}$/(mol/L)						
相对平均偏差/％						
标准偏差/％						

? 思考

1. 滴定过程中应注意哪些事项?
2. 用 KHP 标定氢氧化钠溶液时,为什么选用酚酞作指示剂而不用甲基橙指示剂?

👁 我会操作

氢氧化钠标准溶液的标定

任务三　竞赛　滴定操作技能

一、 题目：0.05mol/L 盐酸标准溶液的标定

称取基准无水碳酸钠（270～300℃干燥2h）0.15g（准确到0.0001g），分别置于锥形瓶中，加50mL新煮沸过并冷却的蒸馏水溶解后，加1～2滴甲基橙指示剂，用0.05mol/L盐酸标准溶液（由教师提供）滴定由黄色变为橙色，记下所消耗标准溶液的体积。做平行试验四份，同时做一份空白试验。

二、 数据及结果

记录表格

	编号	1	2	3	4	空白
称量	初读数/g					
	终读数/g					
	质量/g					
滴定	初读数/mL					
	终读数/mL					
	体积/mL					
	减空白后体积/mL					
	浓度/(mol/L)					
	平均浓度/(mol/L)					
	相对极差/%					

三、评分标准

评分标准

序号	任务	子任务	技能要求	分值	扣分说明	备注
一	基准物质称量	天平的准备工作（5分）	1. 调水平	2	每错一项扣去相应的分，扣完为止	
			2. 清扫	1		
			3. 调零	2		
		称量操作（6分）	1. 正确使用干燥器	0.5	每错一项扣去相应的分，扣完为止	
			2. 称量物放于正确位置	0.5		
			3. 敲样动作正确	1		
			4. 试剂或样品不撒落	2		
			5. 读数正确	2		
		基准物称量范围（8分）	规定量±5%	8	符合，不扣分	
			5%＜规定量≤10%，−10%＜规定量≤−5%		每个扣1分	
			超出规定量±10%		每个扣2分	
		称量结束工作（4分）	1. 复原天平	1	每错一项扣1分，扣完为止	
			2. 清扫天平	1		
			3. 登记	1		
			4. 放回凳子	1		

序号	任务	子任务	技能要求	分值	扣分说明	备注
二	滴定操作	滴定管的准备（10分）	1. 滴定管的洗涤方法正确	1	每错一项扣去相应的分，扣完为止	
			2. 试漏方法正确	1		
			3. 摇匀待装液	1		
			4. 润洗方法正确	1		
			5. 润洗不少于三次	1		
			6. 倒入溶液时标签对手心	1		
			7. 赶气泡方法正确	1		
			8. 调零刻线正确	1		
			9. 滴定管竖直	2		
		滴定操作（5分）	1. 滴定前管尖残液处理	1	每错一项扣1分，扣完为止	
			2. 滴定管的握持姿势	1		
			3. 滴定时摇动锥形瓶的动作	1		
			4. 滴定速度整体控制	1		
			5. 近终点时半滴控制	1		
三	终点读数	终点判断（8分）	终点判断正确	8	每错1次扣2分，扣完为止	
		读数（8分）	1. 停留30s读数	2	每错1次扣2分，扣完为止	
			2. 读数时取下滴定管	2		
			3. 读数姿势正确	2		
			4. 读数正确	2		
四	数据记录及处理	（10分）	1. 原始数据记录不用其他纸张记录	2	每错一项扣2分，扣完为止	
			2. 原始数据及时记录	2		
			3. 原始数据填写清晰	2		
			4. 计算正确	2		
			5. 有效数字规范	2		
五	文明操作	实验过程管理（6分）	1. 仪器摆放整齐	2	每错一项扣2分，扣完为止	
			2. 废纸/废液不乱扔乱倒	2		
			3. 结束后清洗仪器	2		
六	结果计算	精密度（15分）	相对极差≤0.50%	15	符合，不扣分	
			0.50%＜相对极差≤1.50%		扣1分	
			1.50%＜相对极差≤2.0%		扣2分	
			相对极差＞2.0%		扣3分	
		准确度（15分）	相对误差≤0.50%	15	符合，不扣分	
			0.50%＜相对误差≤1.50%		扣2分	
			1.50%＜相对误差≤2.0%		扣5分	
			相对误差＞2.0%		扣7分	
七	重大失误		1. 称量失败，重称		每次倒扣2分	
			2. 滴定失败，重滴		每次倒扣5分	
			3. 篡改数据，如伪造、凑数据等		直接为不合格	
八	总时间	120min	按时收卷，不得延时		每延时3min倒扣1分	
	特别说明		打坏仪器，照价赔偿		倒扣10分	

📚 延展阅读

溶液体积的校准

滴定分析仪器上标示的数值都是20℃时的容积，而在实际生产中，温度是不断变化的，当温度不是20℃时，必然会引起仪器容积和液体体积的变化。如果在某一温度下配制溶液，并在同一温度下使用，就不必校准，因为这时所引起的误差在计算时可以抵消。如果在不同温度下使用，则需要校准，当温度变化不大时，玻璃容器容积变化很小，可以忽略不计，而溶液体积变化则不能忽略。下表列出了不同温度下 1000mL 水或稀溶液换算成 20℃ 时体积应增减的数值。

不同温度下标准滴定溶液体积的补正值　　　　　　单位：mL/L

温度 /℃	水和 0.05mol/L 以下的各种水溶液	0.1mol/L 和 0.2mol/L 各种水溶液	盐酸溶液 $c(HCl)=$ 0.5mol/L	盐酸溶液 $c(HCl)=$ 1mol/L	硫酸溶液 $c\left(\frac{1}{2}H_2SO_4\right)=$ 0.5mol/L，氢氧化钠溶液 $c(NaOH)=$ 0.5mol/L	硫酸溶液 $c\left(\frac{1}{2}H_2SO_4\right)=$ 1mol/L，氢氧化钠溶液 $c(NaOH)=$ 1mol/L	碳酸钠溶液 $c\left(\frac{1}{2}Na_2CO_3\right)$ $=1mol/L$	氢氧化钾-乙醇溶液 $c(KOH)=$ 0.1mol/L
5	+1.38	+1.7	+1.9	+2.3	+2.4	+3.6	+3.3	
6	+1.38	+1.7	+1.9	+2.2	+2.3	+3.4	+3.2	
7	+1.36	+1.6	+1.8	+2.2	+2.2	+3.2	+3.0	
8	+1.33	+1.6	+1.8	+2.1	+2.2	+3.0	+2.8	
9	+1.29	+1.5	+1.7	+2.0	+2.1	+2.7	+2.6	
10	+1.23	+1.5	+1.6	+1.9	+2.0	+2.5	+2.4	+10.8
11	+1.17	+1.4	+1.5	+1.8	+1.8	+2.3	+2.2	+9.6
12	+1.10	+1.3	+1.4	+1.6	+1.7	+2.0	+2.0	+8.5
13	+0.99	+1.1	+1.2	+1.4	+1.5	+1.8	+1.8	+7.4
14	+0.88	+1.0	+1.1	+1.2	+1.3	+1.6	+1.5	+6.5
15	+0.77	+0.9	+0.9	+1.0	+1.1	+1.3	+1.3	+5.2
16	+0.64	+0.7	+0.8	+0.8	+0.9	+1.1	+1.1	+4.2
17	+0.50	+0.6	+0.6	+0.6	+0.7	+0.8	+0.8	+3.1
18	+0.34	+0.4	+0.4	+0.4	+0.5	+0.6	+0.6	+2.1
19	+0.18	+0.2	+0.2	+0.2	+0.2	+0.3	+0.3	+1.0
20	0.00	0.0	0.0	0.0	0.0	0.0	0.0	0.0
21	-0.18	-0.2	-0.2	-0.2	-0.2	-0.3	-0.3	-1.1
22	-0.38	-0.4	-0.4	-0.5	-0.5	-0.6	-0.6	-2.2
23	-0.58	-0.6	-0.7	-0.7	-0.8	-0.9	-0.9	-3.3
24	-0.80	-0.9	-0.9	-1.0	-1.0	-1.2	-1.2	-4.2
25	-1.03	-1.1	-1.1	-1.2	-1.3	-1.5	-1.5	-5.3
26	-1.26	-1.4	-1.4	-1.4	-1.5	-1.8	-1.8	-6.4
27	-1.51	-1.7	-1.7	-1.7	-1.8	-2.1	-2.1	-7.5
28	-1.76	-2.0	-2.0	-2.0	-2.1	-2.4	-2.4	-8.5
29	-2.01	-2.3	-2.3	-2.3	-2.4	-2.8	-2.8	-9.6
30	-2.30	-2.5	-2.5	-2.6	-2.8	-3.2	-3.1	-10.6
31	-2.58	-2.7	-2.7	-2.9	-3.1	-3.5		-11.6
32	-2.86	-3.0	-3.0	-3.2	-3.4	-3.9		-12.6

温度 /℃	水和 0.05mol/L 以下的各种水溶液	0.1mol/L 和 0.2mol/L 各种水溶液	盐酸溶液 $c(HCl)=$ 0.5mol/L	盐酸溶液 $c(HCl)=$ 1mol/L	硫酸溶液 $c\left(\frac{1}{2}H_2SO_4\right)=$ 0.5mol/L,氢氧化钠溶液 $c(NaOH)=$ 0.5mol/L	硫酸溶液 $c\left(\frac{1}{2}H_2SO_4\right)=$ 1mol/L,氢氧化钠溶液 $c(NaOH)=$ 1mol/L	碳酸钠溶液 $c\left(\frac{1}{2}Na_2CO_3\right)$ $=1mol/L$	氢氧化钾-乙醇溶液 $c(KOH)=$ 0.1mol/L
33	−3.04	−3.2	−3.3	−3.5	−3.7	−4.2		−13.7
34	−3.47	−3.7	−3.6	−3.8	−4.1	−4.6		−14.8
35	−3.78	−4.0	−4.0	−4.1	−4.4	−5.0		−16.0
36	−4.10	−4.3	−4.3	−4.4	−4.7	−5.3		−17.0

注:1. 本表数值是以20℃为标准温度以实测法测出。

2. 表中带有"+""−"号的数值是以20℃为分界。室温低于20℃的补正值为"+",高于20℃的补正值为"−"。

3. 本表的用法,如下:

如 1L 硫酸溶液 $\left[c\left(\frac{1}{2}H_2SO_4\right)=1mol/L\right]$ 由25℃换算为20℃时,其体积补正值为−1.5mL,故 40.00mL 换算为20℃时的体积为:

$$40.00-\frac{1.5}{1000}\times40.00=39.94(mL)$$

恒重操作

项目描述

恒重是重量分析法中一个基础操作，所谓恒重指两次称量所得质量之差不得超过一定的允许误差。常用的恒重容器有称量瓶和坩埚，常用的加热设备有电热恒温箱和马弗炉。在进行样品恒重之前，都必须对容器进行恒重，我们将学习称量瓶和坩埚的恒重，在此基础之上学习氯化钠的恒重。

项目目标

1. 素养目标

培养实验室安全意识

培养耐心、细心的职业素养

培养不断学习提升技能的职业态度

2. 知识目标

知道常用的恒重容器

理解恒重的原理

3. 技能目标

会操作电热恒温箱和马弗炉

能判断是否达到恒重

能对测定数据进行分析处理

项目导图

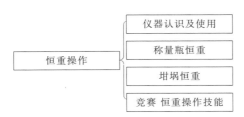

恒重操作 —— 仪器认识及使用 / 称量瓶恒重 / 坩埚恒重 / 竞赛 恒重操作技能

知识　仪器认识及使用

　　常用的恒重仪器有称量瓶、坩埚、电热恒温箱及马弗炉等，称量瓶在前面已有介绍，这里重点介绍坩埚、电热恒温干燥箱及马弗炉。

一、坩埚

1. 认识坩埚

　　坩埚是实验室使用的一种杯形或漏斗状的器皿，通常由陶瓷、金属或石墨等材料制成（图 5-1）。它们主要用于在实验或生产中加热或熔化固体物质。坩埚可分为石墨坩埚、黏土坩埚和金属坩埚三大类。常见的有石墨坩埚、碳化硅坩埚、石英坩埚、瓷坩埚、刚玉坩埚、镍坩埚、白金坩埚、金坩埚、银坩埚、铁坩埚、铸铁坩埚等。

2. 坩埚的使用

　　坩埚使用时通常不要把熔化的东西放得太满，以防止受热溅出，同时也让空气能自由进出以进行可能的氧化反应。坩埚因其底部较小，一般需要架在泥三角上加热。坩埚加热后不可立刻将其置于冷的金属桌面上，以避免因其急剧冷却而破裂；也不可立即放在木质桌面上，以避免烫坏桌面或引起火灾。正确的做法为留置在铁三脚架上自然冷却，或是放在石棉网上令其慢慢冷却。

　　坩埚的取用要用干净的坩埚钳。用坩埚钳夹取灼热的坩埚时，必须将钳尖先预热，以免坩埚因局部冷却而破裂，用后钳尖应向上放在桌面或石棉网上。

图 5-1　坩埚

二、电热恒温干燥箱

1. 认识电热恒温干燥箱

　　主要由箱体、电热器和温度控制系统三部分组成，适用于工矿企业、化验室、科研单位等用于干燥、熔蜡、灭菌等。

2. 电热恒温干燥箱的使用

　　使用干燥箱时，应注意安全，勿用湿手触摸箱体和开关；使用时应将箱顶的风口适当旋开，以使湿气逸出；干燥箱内在放置样品进行烘烤时，里面的样品不应太多，上下四周应留存一定空间，保持箱内气流畅通，防止出现干燥箱内的热感应器无法探测到实际温度而损害设备；干燥箱不使用时，应切断电源，防止意外发生；禁止将易燃、易爆物品放置到干燥箱内烘烤，以免事故发生；严格按照操作规程进行操作，并随时注意电压变化，过高时应切断电源，防止将干燥箱电路烧坏。

三、马弗炉

1. 认识马弗炉

　　马弗炉是一种高效节能的电阻炉，它采用先进的加热技术，能够在短时间内将物料加热至高温（图 5-2）。马弗炉的工作原理是通过电阻发热来加热物料，因此具有加热速度快、加热均匀、使用安全等优点。

2. 马弗炉的使用

① 炉子应远离易燃物放置，并保持炉外易散热。

② 新炉在开始使用前，必须先在低温下烘烤数小时并逐渐升温至 900℃，且保持 5h 以上，以防新炉的耐火材料里含有水分使炉膛受潮后破裂，同时也为使加热元件生成氧化层。

图 5-2　马弗炉

③ 使用时炉温不得超过最高温度，以免烧毁电热元件，并禁止向炉膛内灌注各种液体及熔解的金属。

④ 在做灰化试验时，一定要先将样品在电炉上充分碳化后，再放入灰化炉中，以防碳的累积损坏加热元件。

⑤ 马弗炉为实验设备，样品一定要用洁净的坩埚盛放，不得污染炉膛。

⑥ 几次循环加热后，炉子的绝缘材料可能会出现裂纹，这些裂纹是热膨胀引起的，对炉子的质量没有影响。

⑦ 在使用马弗炉时，要经常照看，以防温度自控失灵造成事故，晚间无人值班时，切不可使用马弗炉。

⑧ 马弗炉使用完毕，应切断电源，使其自然降温。不应立即打开炉门，以免炉膛突然受冷碎裂。如急用，可先开一条小缝，让其降温加快，待温度降至 200℃ 以下时，方可开炉门。

⑨ 使用马弗炉时，需注意安全，谨防烫伤。

任务一　称量瓶恒重

一、实训目的

1. 熟悉电热恒温箱的操作。
2. 理解恒重的意义。
3. 提升实验室安全意识。

二、实训原理

称量瓶露置在空气中会吸潮，在105℃条件下水分将挥发，当加热时间足够长后，水分完全挥发，称量瓶重量恒定。

三、仪器及试剂

称量瓶、电子天平、电热恒温干燥箱、干燥器。

四、实训步骤

将事先清洗干净的称量瓶置于电热恒温干燥箱中，将瓶盖取下，横立在瓶口上，加热到105℃，干燥2h，盖好瓶盖取出，置干燥器中（一般以硅胶为干燥剂），室温放置30min，精密称定重量（精确到0.0001g），记录质量；再在上述条件下干燥1h，重复上述操作，精确称定质量，两次质量之差若小于0.3mg，则为恒重。否则，重复操作，直到连续两次质量之差不大于0.3mg。

五、数据及结果

实验数据记录于下表中。

称量瓶恒重记录表

称量瓶编号	1	2
第一次称重/g		
第二次称重/g		
第三次称重/g		
第四次称重/g		
……		
最后一次称重/g		
恒重差值/mg		
实验用时/min		

? 思考

1. 温度设置为110℃可以吗？
2. 在实训过程中，是否可以直接用手拿称量瓶？

任务二　坩埚恒重

一、实训目的

1. 熟悉马弗炉的操作。
2. 理解恒重的意义。
3. 提升安全意识。

二、实训原理

坩埚在 700℃ 条件下，水分及一些低沸点物质将挥发，当加热时间足够长后，坩埚重量恒定。

三、仪器及试剂

坩埚、电子天平、马弗炉、干燥器。

四、实训步骤

坩埚用 0.1mol/L 的盐酸煮沸，再用去离子水清洗，置于马弗炉中，加热到 700℃，干燥 1h，停止加热，待马弗炉温度降至 200℃，用铲子取出坩埚置于耐火砖上，稍冷，用坩埚钳将坩埚置于干燥器中（一般以硅胶为干燥剂），室温放置 30min，精确称定质量（精确至 0.0001g），记录质量；再在上述条件下干燥 0.5h，重复上述操作，精确称定质量，两次质量之差若小于 0.3mg，则为恒重。否则，重复操作，直到连续两次质量之差不大于 0.3mg。

五、数据及结果

实验数据记录于下表中。

坩埚恒重记录表

坩埚编号	1	2
第一次称重/g		
第二次称重/g		
第三次称重/g		
第四次称重/g		
……		
最后一次称重/g		
恒重差值/mg		
实验用时/min		

? 思考

1. 温度设置为 700℃ 的目的是什么？
2. 在实训过程中，如何避免烫伤？

任务三 竞赛 恒重操作技能

一、题目：氯化钠的恒重

将 5g 左右的氯化钠置于已恒重的坩埚中，称其质量。置马弗炉中，加热到 500～600℃，干燥 1h，停止加热，待马弗炉温度降至 200℃，用铲子取出坩埚置于耐火砖上，稍冷，用坩埚钳将坩埚置于干燥器中（一般以硅胶为干燥剂），室温放置 30min，精确称定质量（精确至 0.0001g），记录质量；再在上述条件下干燥 0.5h，重复上述操作，精确称定质量，直到连续两次质量之差不大于 0.3mg。

二、数据及结果

氯化钠恒重记录表

坩埚编号	1	2
第一次称重/g		
第二次称重/g		
第三次称重/g		
第四次称重/g		
……		
最后一次称重/g		
恒重差值/mg		
实验用时/min		

三、评分标准

评分标准

序号	项目	分值	技能要求		扣分说明	备注
一	物质称量	20	调水平	5分	每错一项扣5分，扣完为止	
			清扫	5分		
			调零	5分		
			读数正确	5分		
二	恒重操作	65	干燥器使用正确	5分	每错一项扣去相应分值，扣完为止	
			瓷坩埚放在干净的地方	5分		
			马弗炉操作正确	15分		
			冷却方法正确、时间合理	5分		
			冷却到室温后称重	5分		
			恒重差值 H（绝对值）	$H \leq 0.3mg$	30分		
				$0.3mg < H \leq 0.6mg$	15分		
				$0.6mg < H \leq 0.9mg$	10分		
				$0.9mg < H \leq 1.2mg$	5分		
				$1.2mg < H$	0分		
三	文明操作	15	穿着整洁规范	5分	每错一项扣相应分，扣完为止	
			仪器摆放整齐	5分		
			废纸不乱扔	5分		
特别说明			篡改数据，如伪造、凑数据等，直接记0分			
			恒重除第一次读数外，其余读数必须经考核人员认可后方可记录，否则直接记0分			

电子天平的期间核查

根据 RB/T 143—2018《实验室化学检测仪器设备期间核查指南》，期间核查是指，为保持仪器设备检定/校准状态的可信度，在两次检定/校准期间对仪器设备进行的专项核查。对于不太稳定、使用频率高、使用条件恶劣、容易产生漂移、对检测结果有疑问、出现过载可能造成损坏、长期脱离实验室控制需要恢复使用、经过运输和搬迁、单纯校准不能保证有效期内正确可靠等的仪器设备，是期间核查的重点。

电子天平是实验室中常用的一种计量器具，往往是实验开始的第一步，也是为实验室开展实验、提供依据的第一步。由于电子天平易受环境条件影响，使用频率较高，易漂移，容易导致仪器计量性能的改变，因此必须对电子天平进行期间核查。

中华人民共和国出入境检验检疫行业标准《电子天平期间核查规范》（SN/T 4095.2—2017）规定了电子天平期间核查的通用要求，适用于电子天平期间核查管理。

1. 实验室应制定电子天平期间核查的作业指导书，内容应包括但不限于

① 核查的范围；

② 实施核查的人员要求；

③ 核查环境的要求；

④ 核查频次；

⑤ 核查方法及步骤；

⑥ 核查结果判定方法和依据；

⑦ 核查记录的要求和格式；

⑧ 核查结果显示不满足判定依据时的处理方案。

2. 方法

常用的方法有：依据检定规程核查法、E_n 比率法和质量控制核查法。依据检定规程核查法，即根据 JJG 1036 的步骤进行核查，并根据标准要求进行结果判定。使用本方法进行核查的频次建议为每 6 个月一次。

3. 频次

期间核查频次的确定，应至少考虑以下因素：

① 校准/检定周期：核查周期应在两次校准/检定之间；

② 历次校准/检定结果：历次校准/检定结果有不满足需求的，应适当增加核查频次；

③ 质量控制结果：实验室相关项目质量控制结果有不满足要求的，应适当增加核查频次；

④ 使用频率：使用频率高的，应适当增加核查频次；

⑤ 维修情况：维修频率高的，应适当增加核查频次；

⑥ 工作环境：工作环境有偏离的，应适当增加核查频次；

⑦ 使用人员：使用人员变动频繁、人员经验和熟练程度不足等，应适当增加核查频次；

⑧ 使用范围：量程范围较广的，应适当增加核查频次。

4. 评价结果的处理

（1）满意　电子天平状态正常，可继续正常使用。

实验室应记录历次核查结果，并进行必要的数据分析。如发现核查结果存在异常趋势，且趋向接近方法判定限，实验室应分析原因并采取必要的预防措施，例如加强该电子天平的日常维护、修订期间核查计划等。

（2）不满意　该电子天平应立即停止使用，并隔离以防误用，或加贴停用标签。

对该电子天平进行自校正，经核查满意后可继续使用；如结果表明电子天平已发生故障，应对该电子天平进行维修，直至修复并通过检定/校准表明能正常工作为止。

如电子天平显示的结果对检测结果有显著影响时，应追溯本次核查周期内出具的所有报告，并对涉及的项目进行重新检测，必要时通知客户。

期间核查是一种积极主动的预防措施，可保证实验室所使用的仪器设备有效可靠。

项目六
容量分析实例

项目描述

食醋是酸的，我们用酸碱滴定法测定总酸度；在硬水中用肥皂洗衣服时容易产生不溶浑浊，我们可以用配位滴定法测定水的硬度；双氧水是一种常见的消毒液，其有效成分是 H_2O_2，我们可以用氧化-还原滴定法测定 H_2O_2 的含量；可以用氯气对水进行消毒杀菌，我们可以用沉淀滴定法测定水中的氯离子含量；烧碱是一种重要的化工原料，我们可以用双指示剂法测定烧碱中杂质碳酸钠的含量。

项目目标

1. 素养目标
培养节约用水、爱护环境的环保意识
具备严谨、仔细、认真的职业素养
具备不断学习提升技能的职业态度

2. 知识目标
知道各种滴定方法的测定原理
理解双指示剂法的测定原理

3. 技能目标
会对样品进行前处理
能半滴滴定到终点
能对测定数据进行分析处理

项目导图

```
                    ┌─ 食醋中总酸度的测定
                    │
                    ├─ 水的总硬度的测定
                    │
  容量分析实例 ──────┤  双氧水中 H₂O₂ 含量的测定
                    │
                    ├─ 水中氯离子的测定
                    │
                    └─ 烧碱中 NaOH、Na₂CO₃ 含量的测定
```

任务一　食醋中总酸度的测定

一、实训目的

1. 熟练掌握滴定管、容量瓶、移液管的使用和滴定操作技术。
2. 进一步熟悉 NaOH 标准溶液的配制和标定方法。
3. 理解指示剂的选择原则。
4. 学会食醋中总酸度的测定方法。
5. 增加食品安全意识。

二、实训原理

食醋的主要成分是醋酸，此外还含有少量其他弱酸如乳酸等。用 NaOH 标准溶液滴定，在化学计量点时溶液呈弱碱性，选用酚酞作指示剂，测得的是总酸度，以醋酸的质量浓度（g/100mL）来表示。

三、仪器及试剂

NaOH 标准溶液 0.1mol/L；酚酞指示剂 0.2％乙醇溶液；食醋样品。

四、实训步骤

1. 0.1mol/L NaOH 溶液的配制和标定

配制：称取 4.0g 固体 NaOH，加适量水（新煮沸的冷蒸馏水）溶解，倒入具有橡皮塞的试剂瓶中，加水稀释至 1L，摇匀。

标定：用减量法称取邻苯二甲酸氢钾四份，每份约 0.4～0.6g（准确到 0.0001g），分别放在 250mL 锥形瓶中，各加入 25mL 蒸馏水，温热使之溶解，冷却后加 2 滴酚酞指示剂，用 NaOH 溶液滴定至溶液刚好由无色变成粉红色，并保持 30s 不褪色。记下所消耗的 NaOH 溶液体积，计算 NaOH 标准溶液的浓度，取其平均值。

2. 食醋的测定

准确吸取醋样 10.00mL 于 250mL 容量瓶中，以新煮沸并冷却的蒸馏水稀释至刻度，摇匀。用移液管吸取 25.00mL 稀释过的醋样于 250mL 锥形瓶中，加入 25mL 新煮沸并冷却的蒸馏水，加酚酞指示剂 2 滴，用已标定的 NaOH 标准溶液滴定至溶液呈粉红色，并在 30s 内不褪色，即为终点。根据 NaOH 溶液的用量，计算食醋的总浓度。平行测定 3 份。

食醋测定原理

五、数据及结果

将实验数据记录于下表中。

氢氧化钠标准溶液的标定

编号		1	2	3	4	空白
$m(KHC_8H_4O_4)/g$						
滴定管读数/mL	终点					
	起点					
NaOH滴定液用量 V/mL	读数差					
	减空白后					
$c(NaOH)/(mol/L)$	公式：$c(NaOH)=$					
$c_{平均值}/(mol/L)$						
相对平均偏差/%						
标准偏差/%						

食醋总酸度的测定

编号		1	2	3	空白
吸取醋样 V_s/mL					
醋样溶液稀释至体积/mL					
吸取醋样稀释液/mL					
滴定管读数/mL	终点				
	起点				
NaOH滴定液用量 V/mL	读数差				
	减空白后				
食醋的总酸度 $\rho/(g/100mL)$	公式：$\rho=$				
$\rho_{平均值}/(g/100mL)$					
相对平均偏差/%					
标准偏差/%					

六、注意事项

1. 食醋中醋酸的浓度较大，且颜色较深，故必须稀释后再滴定。

2. 测定醋酸含量时，所用的蒸馏水不能含有 CO_2，否则 CO_2 溶于水生成 H_2CO_3，将同时被滴定。

? 思考

1. 强碱滴定弱酸与强碱滴定强酸相比，滴定过程中 pH 变化有哪些不同？

2. 用酸碱滴定法测定醋酸含量的依据是什么？

3. 滴定醋酸时为什么要用酚酞作指示剂？为什么不用甲基橙或甲基红？

👁 我会操作

邻苯二甲酸氢钾的称量

氢氧化钠测定食醋

任务二　水的总硬度的测定

一、实训目的

1. 巩固称量操作技能。
2. 学习 EDTA 标准溶液的配制及标定。
3. 珍惜水资源，爱护环境。

二、实训原理

天然水的硬度几乎全部取决于钙、镁离子含量。pH＝10 时，水中钙、镁离子与 EDTA 反应生成配合物，通过 K-B 指示剂颜色改变（由紫红色变为纯蓝色）指示终点。根据 EDTA 的浓度及消耗的体积求算钙镁的含量。

水的总硬度测定
方法原理

三、仪器及试剂

① EDTA 标准溶液（0.02mol/L）：称取 EDTA 4g 溶于少许水中，待溶解后，稀释至 500mL。

② 碳酸钙：将基准物碳酸钙，置于 115℃烘箱中干燥 2h，稍冷后存放于干燥器中冷至室温后备用。

③ 盐酸（1＋1）。

④ 酸性铬蓝 K-萘酚绿 B 指示剂。

⑤ NH_3-NH_4Cl 缓冲溶液（pH＝10）：称取氯化铵 27g 置于烧杯中，加少许水后，加浓氨水 175mL，再加水配制成 500mL。

四、实训步骤

1. EDTA 溶液的标定

准确称取 0.35～0.40g 碳酸钙（已在 115℃烘干），放入 250mL 烧杯中，用少许水润湿，慢慢沿杯壁加入（1＋1）HCl 10mL（如没有完全溶解可微微加热），待完全溶解后，移入 250mL 容量瓶中，用水稀至刻度，摇匀备用（计算出该溶液的准确浓度）。

移取上述含钙溶液 25mL，放入 250mL 锥形瓶中，加 20mL 蒸馏水，加 10mL pH＝10 的 NH_3-NH_4Cl 缓冲溶液，摇匀，加约 5～6 滴 K-B 指示剂，摇匀后以 0.02mol/L EDTA 溶液滴定至纯蓝色，即为终点。依据 EDTA 的消耗量，求算 EDTA 溶液的准确浓度。

2. 总硬度的测定

准确移取 100.0mL 水样，放入 250mL 锥形瓶中，加 10mL NH_3-NH_4Cl 缓冲溶液，摇匀，加约 5～6 滴 K-B 指示剂摇匀（此时溶液为紫红色），以 EDTA 标准溶液滴定至纯蓝色，即为终点。

五、数据及结果

将实验数据及结果记录在下表中。

计算公式如下：

$$总硬度（CaCO_3）＝\frac{c（EDTA）V（EDTA）M（CaCO_3）}{V（水）}×1000（mg/L）$$

式中　$c（EDTA）$——EDTA 标准溶液的物质的量浓度，mol/L；

$V（EDTA）$——滴定时用去的 EDTA 溶液的体积，mL；

$V（水）$——水样体积，mL；

$M（CaCO_3）$——碳酸钙的摩尔质量，g/mol。

EDTA 标准溶液的标定

编号		1	2	3	4	空白
$m（CaCO_3）/g$						
滴定管读数/mL	终点					
	起点					
EDTA 滴定液用量 V/mL	读数差					
	减空白后					
$c（EDTA）/（mol/L）$	公式：$c（EDTA）＝$					
$c_{平均值}/（mol/L）$						
相对平均偏差/%						
标准偏差/%						

水总硬度的测定

编号		1	2	3	空白
吸取水样 V_s/mL					
滴定管读数/mL	终点				
	起点				
滴定液用量 V/mL	读数差				
	减空白后				
水的总硬度 $\rho/（mg/L）$	公式：$\rho＝$				
$\rho_{平均值}/（mg/L）$					
相对平均偏差/%					
标准偏差/%					

? 思考

1. 为什么要恒重，恒重的意义是什么？

2. 如何判断是否达到恒重？

👁 我会操作

碳酸钙的称量

EDTA 溶液的配制

📚 延展阅读

　　含有较多可溶性钙、镁化合物的水叫硬水，硬度有暂时硬度和永久硬度之分。暂时硬度——水中含有钙、镁的酸式碳酸盐遇热即生成沉淀而失去硬度；永久硬度——水中含有钙、镁的硫酸盐、氯化物、硝酸盐在加热时不沉淀。

　　暂时硬度和永久硬度的总和称为总硬度。由镁离子形成的硬度称为镁硬度，由钙离子形成的硬度称为钙硬度。

　　根据计量法，水的总硬度以 $CaCO_3$ 的浓度（mg/L）表示。

任务三　双氧水中 H_2O_2 含量的测定

一、实训目的

1. 了解高锰酸钾标准溶液的配制方法和保存条件。
2. 掌握以 $Na_2C_2O_4$ 为基准物标定高锰酸钾溶液浓度的方法原理及滴定条件。
3. 掌握用高锰酸钾法测定过氧化氢含量的原理和方法。

二、实训原理

稀硫酸溶液中，过氧化氢在室温条件下能定量还原高锰酸钾盐，由此可用高锰酸钾法测定过氧化氢的含量。其反应式为：

$$5H_2O_2 + 2MnO_4^- + 6H^+ \longrightarrow 2Mn^{2+} + 5O_2\uparrow + 8H_2O$$

反应开始速度慢，滴入第一滴溶液不褪色，待 Mn^{2+} 生成之后，由于 Mn^{2+} 的催化作用，反应速度加快，故能顺利地滴定到终点。

双氧水测定原理

根据 $KMnO_4$ 溶液的物质的量浓度和滴定消耗的体积，即可计算溶液中 H_2O_2 的质量分数。

三、仪器及试剂

① 基准 $Na_2C_2O_4$：在 $105\sim110℃$ 烘干 2h 备用。

② H_2SO_4 溶液：3mol/L。

③ H_2O_2 稀释液：取市售双氧水稀释 10 倍。

④ $KMnO_4$ 溶液 0.02mol/L：称取约 1.6g $KMnO_4$，溶于 500mL 水中，盖上表面皿，加热至沸并保持微沸状态 1h，冷却后，用微孔玻璃漏斗过滤，滤液贮存于清洁具塞的棕色瓶中，最好将溶液于室温下静置 2～3 天后过滤备用。

四、实训步骤

1. $KMnO_4$ 溶液浓度的标定

标定 $KMnO_4$ 溶液的基准物质有：$Na_2C_2O_4$、$H_2C_2O_4 \cdot 2H_2O$、$(NH_4)_2Fe(SO_4)_2 \cdot 6H_2O$ 等，其中以 $Na_2C_2O_4$ 较常用。

在 H_2SO_4 溶液中，$KMnO_4$ 和 $Na_2C_2O_4$ 的反应式如下：

$$2MnO_4^- + 5C_2O_4^{2-} + 16H^+ \longrightarrow 10CO_2\uparrow + 2Mn^{2+} + 8H_2O$$

标定步骤：准确称取 $0.15\sim0.20g$ 基准物质 $Na_2C_2O_4$ 四份（空白一份）分别置于 250mL 锥形瓶中，加 60mL 水使之溶解。加入 15mL 的 3mol/L H_2SO_4 溶液，加热到 75～85℃，趁热用 $KMnO_4$ 滴定，开始滴定时反应速度很慢，待溶液产生了 Mn^{2+} 之后，Mn^{2+} 的催化作用使反应速度加快。小心滴定溶液至微红色并在 1min 内不褪色即为终点，终点时溶液的温度应在 60℃ 以上。

根据每份滴定中 $Na_2C_2O_4$ 的质量和消耗 $KMnO_4$ 溶液的体积，计算 $KMnO_4$ 溶液的物质的量浓度，相对平均偏差应不大于 0.2％，否则需重做。平行试验四份，同时做一份空白。

2. H_2O_2 含量的测定

用吸量管吸取 10.00mL H_2O_2 稀释液（三份，空白一份），置于 250mL 容量瓶中，加水稀释至刻度，充分摇匀后，用移液管移取 25.00mL 溶液置于 250mL 锥形瓶中，加 60mL 水、15mL 的 3mol/L H_2SO_4 溶液，用 0.02mol/L $KMnO_4$ 溶液滴定至微红色并在 1min 内不褪色即为终点。

根据 $KMnO_4$ 溶液的浓度和滴定过程中消耗的体积，计算试样中 H_2O_2 的质量分数。平行测定三次，同时做空白一份。

五、数据及结果

将实验数据记录于下表中。

$KMnO_4$ 标准滴定溶液的标定

编号	1	2	3	4	空白
$Na_2C_2O_4$ 倾样前 m_1/g					
$Na_2C_2O_4$ 倾样后 m_2/g					
$Na_2C_2O_4$ 净重 m/g					
终点 V_{KMnO_4}/mL					
起点 V_{KMnO_4}/mL					
$KMnO_4$ 用量/mL					
减空白后 V_{KMnO_4}/mL					
计算公式	$c(KMnO_4)=$				
$c(KMnO_4)$/(mol/L)					
$c_{平均值}$/(mol/L)					
相对平均偏差					
标定结果精密度（极差/平均浓度）					

H_2O_2 含量的测定

编号		1	2	3	空白
滴瓶和双氧水质量/g	第一次				
	第二次				
双氧水净重 $m_{试液}$/g					
双氧水稀释至体积/mL					
移取双氧水稀释液体积 $V_{稀释液}$/mL					
终点 V_{KMnO_4}/mL					

编号	1	2	3	空白
起点 V_{KMnO_4} /mL				
$KMnO_4$ 用量/mL				
减空白后 V_{KMnO_4} /mL				
计算公式	$\omega(H_2O_2) =$			
$\omega(H_2O_2)$ /%				
$\omega_{平均值}$ /%				
相对平均偏差				
测定结果精密度（极差/平均值）				

？ 思考

1. 用 $Na_2C_2O_4$ 为基准物质标定 $KMnO_4$ 溶液时，应注意哪些反应条件？

2. 用 $KMnO_4$ 法测定 H_2O_2 时，能否用 HNO_3 或 HCl 控制酸度？

👁 我会操作

草酸钠的称量

高锰酸钾溶液的配制

任务四　水中氯离子的测定

一、实训目的

1. 进一步熟悉固体质量称量操作。
2. 掌握以氯化钠为基准物标定 $Hg(NO_3)_2$ 溶液的方法原理及滴定条件。
3. 学会重金属废液的处理，增强环保意识。

二、实训原理

在二苯偶氮碳酰肼（二苯偕肼或二苯卡巴腙）和二甲苯蓝 FF 混合指示剂存在下，用硝酸汞标准溶液滴定氯离子，可与指示剂生成蓝紫色配合物：

氯离子测定原理

滴定溶液的 pH 值应保持在 3.0～3.5 之间。如果 pH 太高，滴定终点提前，结果偏低；pH 值太低，Hg^{2+} 与指示剂反应缓慢，终点推后，结果偏高。

三、仪器及试剂

① 二苯偶氮碳酰肼-二甲苯蓝 FF 混合指示剂：称取二苯偶氮碳酰肼 0.4g，二甲苯蓝 FF 0.03g，溶解于 100mL 含有 4mL 浓硝酸的 95％乙醇溶液中，并贮存于棕色瓶中放置暗处。

② NaCl 标准溶液：称取在 150℃ 干燥半小时后的纯 NaCl 1.6490g 溶于水中，移入 1000mL 容量瓶中，用水稀释至刻度，摇匀。1mL 溶液中含 1mg Cl^-。

③ $Hg(NO_3)_2$ 标准溶液：称取 $Hg(NO_3)_2$ 2.42g 溶于已加入 0.25mL 浓硝酸的 20mL 水中，用水稀释至 1000mL，摇匀后进行标定。

标定：吸取 NaCl 标准溶液 10mL 四份，调 pH＝3.0～3.5，加混合指示剂 7 滴，用 $Hg(NO_3)_2$ 标准溶液滴定至蓝紫色即为终点。同时做一份空白。

④ 0.1mol/L HNO_3 溶液。

⑤ 0.1mol/L NaOH 溶液。

四、实训步骤

吸取水样 10mL，调 pH＝3.0～3.5，加入混合指示剂 7 滴，用 $Hg(NO_3)_2$ 标准溶液滴定至蓝紫色即为终点。平行做三份，并做一份空白。

五、数据及结果

请将实验数据记录于下表中。

$Hg(NO_3)_2$ 标准溶液的标定

编号		1	2	3	4	空白
$m(NaCl)/g$						
滴定管读数/mL	终点					
	起点					
$Hg(NO_3)_2$ 滴定液用量 V/mL	读数差					
	减空白后					
$c[Hg(NO_3)_2]$ /(mol/L)	公式: $c[Hg(NO_3)_2]=$					
$c_{平均值}$/(mol/L)						
相对平均偏差/%						
标准偏差/%						

氯离子的测定

编号		1	2	3	空白
吸取水样 V_s/mL					
滴定管读数/mL	终点				
	起点				
滴定液用量 V/mL	读数差				
	减空白后				
氯离子浓度 ρ/(mg/L)	公式: $\rho=$				
$\rho_{平均值}$/(mg/L)					
相对平均偏差/%					
标准偏差/%					

❓ 思考

1. 测定过程中若 pH 不在 3.0~3.5 范围内,对测定结果有何影响?

2. 在实训过程中如何做好环境保护?

任务五　烧碱中 NaOH、 Na_2CO_3 含量的测定

一、实训目的

1. 巩固 HCl 标准溶液的配制和标定方法。
2. 了解测定混合碱中 NaOH 和 Na_2CO_3 含量的原理和方法。
3. 掌握在同一份溶液中用双指示剂法测定混合碱中 NaOH 和 Na_2CO_3 含量的操作技术。

二、实训原理

烧碱中 NaOH 和 Na_2CO_3 质量分数的测定，一般可以采用双指示剂法。

用盐酸标准溶液滴定碱试液时，先用酚酞为指示剂，滴定到达终点时即酚酞指示剂由红色褪至无色时，NaOH 全部被中和，Na_2CO_3 则反应生成了 $NaHCO_3$。然后再加甲基橙指示剂，继续使用 HCl 溶液滴定至终点，即甲基橙指示剂由黄色变为橙色，这时 $NaHCO_3$ 反应生成了碳酸。

由于滴定到达第一个终点时，酚酞变色不敏锐，误差较大，因此可以使用甲酚红和百里酚蓝混合指示剂；然后另取一份试液，用甲基橙为指示剂，用 HCl 标准溶液滴定至终点，以测定 NaOH 和 Na_2CO_3 的总量。

三、仪器及试剂

① 盐酸标准溶液：0.2mol/L；

② 无水 Na_2CO_3：将无水 Na_2CO_3 置电烘箱内于 180℃ 干燥 2～3h，并保存于干燥器中；

③ 甲基橙指示剂：0.2％水溶液；

④ 酚酞指示剂：0.2％乙醇溶液；

⑤ 甲酚红和百里酚蓝混合指示剂：一份 0.1％甲酚红钠盐水溶液和三份 0.1％百里酚蓝钠盐水溶液混合；

⑥ 烧碱试液：48g 烧碱，溶解后稀释至 6000mL。

四、实训步骤

1. 盐酸标准溶液的标定

从称量瓶中用减量法平行称取无水碳酸钠三份（另做空白一份），每份重约 0.3g（准确至 0.0001g），置于 250mL 锥形瓶中，各加蒸馏水约 50mL，摇动使之溶解。加甲基橙指示剂 1 滴，用欲标定的盐酸溶液慢慢滴定，直到锥形瓶中的溶液刚由黄色转变为橙色时即为终点。记下滴定时所消耗 HCl 溶液的体积，根据 Na_2CO_3 基准物质的质量，计算 HCl 标准溶液的准确浓度。平行标定四份，同时做一份空白。

$$c(HCl) = \frac{2m(Na_2CO_3)}{M(Na_2CO_3)V(HCl)}$$

2. 烧碱中 NaOH 及 Na₂CO₃ 质量分数的测定

（1）以酚酞和甲基橙作指示剂　准确移取烧碱试液 25mL（三份，另做空白一份）于 250mL 锥形瓶中，用水稀释至约 50mL，加入酚酞指示剂 1～2 滴，用 HCl 标准溶液滴至酚酞褪色，记下 HCl 标准溶液的消耗量 V_1。然后，于该溶液中加入 1～2 滴甲基橙指示剂，继续用 HCl 标准溶液滴定至溶液由黄色转为橙色即为终点，记下第一个终点至第二个终点间盐酸标准溶液的消耗量 V_2。然后按下式计算 NaOH 和 Na₂CO₃ 的质量分数。

$$\omega(\text{NaOH}) = \frac{c(\text{HCl})(V_1 - V_2)M(\text{NaOH})}{m_s \times \dfrac{25}{6000} \times 1000}$$

$$\omega(\text{Na}_2\text{CO}_3) = \frac{\dfrac{1}{2}c(\text{HCl}) \times 2V_2 M(\text{Na}_2\text{CO}_3)}{m_s \times \dfrac{25}{6000} \times 1000}$$

（2）用混合指示剂　用移液管吸取烧碱试液 25mL 两份，分别置于 250mL 锥形瓶中，以水稀释至约 50mL 体积，取一份加入甲酚红和百里酚蓝混合指示剂 8～10 滴，用 HCl 标准溶液滴定至由紫红色变为玫瑰红色时即为终点，记下 HCl 标准溶液的消耗量 V_0。然后再于另一份中，加入甲基橙指示剂 1～2 滴，用 HCl 标准溶液滴定至由黄色变为橙色即为终点。记下 HCl 标准溶液消耗量 V。按下式计算 NaOH 和 Na₂CO₃ 质量分数。平行做三份，另做一份空白。

$$\omega(\text{NaOH}) = \frac{c(\text{HCl})(2V_0 - V) \times \dfrac{M(\text{NaOH})}{1000}}{m_s \times \dfrac{25}{6000}}$$

$$\omega(\text{Na}_2\text{CO}_3) = \frac{c(\text{HCl}) \times 2(V - V_0) \times \dfrac{M(\text{Na}_2\text{CO}_3)}{2000}}{m_s \times \dfrac{25}{6000}}$$

五、数据及结果

请将实验数据记录于下表中。

HCl 溶液浓度的标定

编号		1	2	3	空白
称量瓶和 Na₂CO₃ 质量/g	第一次				
	第二次				
$m(\text{Na}_2\text{CO}_3)$/g					
HCl 最后读数/mL					
HCl 开始读数/mL					
HCl 用量/mL					
减空白后 HCl 用量 V/mL					
HCl 溶液物质的量浓度 $c(\text{HCl})$/(mol/L)		公式：$c(\text{HCl}) = \dfrac{2m(\text{Na}_2\text{CO}_3)}{M(\text{Na}_2\text{CO}_3)V(\text{HCl})}$			

编号	1	2	3	空白
平均值				
平均偏差				
标准偏差				

烧碱中 NaOH 及 Na$_2$CO$_3$ 含量的测定（酚酞和甲基橙作指示剂）

	编号	1	2	3	空白
	称取烧碱试样质量 m_s/g				
	稀释体积/mL				
	吸取烧碱试液量 V_s/mL				
酚酞	HCl 终点读数/mL				
	HCl 起点读数/mL				
	HCl 用量/mL				
	减空白后 V_1/mL				
甲基橙	HCl 终点读数/mL				
	HCl 起点读数/mL				
	HCl 用量/mL				
	减空白后 V_2/mL				
ω(NaOH)	计算公式：				
ω(NaOH)平均值					
ω(Na$_2$CO$_3$)	计算公式：				
ω(Na$_2$CO$_3$)平均值					

烧碱中 NaOH 及 Na$_2$CO$_3$ 含量的测定（混合指示剂）

	编号	1	2	3	空白
	称取烧碱试样质量 m_s/g				
	稀释体积/mL				
	吸取烧碱试液量/mL				
	c(HCl)/(mol/L)				
混合指示剂	HCl 终点读数/mL				
	HCl 开始读数/mL				
	HCl 用量/mL				
	减空白后 V_0/mL				
甲基橙	HCl 终点读数/mL				
	HCl 开始读数/mL				
	HCl 用量/mL				
	减空白后 V/mL				

编号	1	2	3	空白
$\omega(NaOH)$	公式：			
$\omega(Na_2CO_3)$	公式：			
平均值 $\omega(NaOH)$				
平均值 $\omega(Na_2CO_3)$				

？ 思考

1. 用混合指示剂，NaOH 和 Na_2CO_3 含量的计算关系式是如何推导而来的？

2. 混合碱定性分析的判断依据是什么？

◉ 我会操作

甲基橙指示剂的配制

▥ 延展阅读

滴定分析法

滴定分析是将已知准确浓度的标准溶液滴加到被测物质的溶液中，直至所加溶液物质的量按化学计量关系恰好反应完全，然后根据所加标准溶液的浓度和所消耗的体积，计算出被测物质含量的分析方法。由于这种测定方法以测量溶液体积为基础，故又称为容量分析。滴定分析是一种重要的定量分析方法，滴定分析法通常用于常量分析，有时也做微量分析。滴定分析法准确度较高，在一般情况下测定的相对误差不大于 0.2%，与重量分析法相比，简便、快速，所以在生产实践和科学研究中有很大的实用价值。

根据溶剂类型不同，滴定分析可分为：水溶液滴定和非水滴定。在水中进行的滴定即为水溶液滴定，在有机溶剂中进行的滴定则为非水滴定。

根据反应类型不同，滴定分析可分为：酸碱滴定、氧化-还原滴定、配位滴定和沉淀滴定。

根据滴定方式不同，滴定分析可分为：直接滴定、间接滴定、转换滴定和返滴定。

根据标准溶液计量方法的不同，滴定分析又可以分为容量滴定法和重量滴定法。容量滴定法即使用容量滴定管计量反应所用标准溶液的体积；而重量滴定法则使用重量滴定管和分析天平来计量所用标准溶液的重量。平常使用较多的是容量滴定法。

项目七

重量分析实例

项目描述

  水中悬浮物的测定是水质分析中经常要做的一个项目，也是水质控制的一个非常重要的指标；土壤中水分的测定是土壤分析中一个重要指标，也是测定土壤其他检测因子的基础；试样通过沉淀分离后用干燥恒重法测定矿石中稀土总量。

项目目标

1. 素养目标
培养精益求精的工匠精神
培养不畏艰难、坚毅勇敢的品质
培养团队协作意识

2. 知识目标
理解水中悬浮物测定时取样量的依据
理解土壤水分的定义
掌握土壤水分的计算方法
掌握矿石中稀土总量的测定原理及方法

3. 技能目标
进一步熟练电热恒温干燥箱、马弗炉的操作
能对土壤样品、矿石样品进行前处理
能根据沉淀类型进行有效过滤

项目导图

重量分析实例 —— 水中悬浮物含量的测定
      土壤中水分的测定
      矿石中稀土总量的测定

任务一 水中悬浮物含量的测定

一、实训目的

1. 熟练掌握恒重操作技术。
2. 学会水中悬浮物的测定方法。
3. 培养具体问题具体分析的能力。

二、实训原理

水中的悬浮物是指水样通过孔径为 $0.45\mu m$ 的滤膜截留在膜上并于 $103\sim105℃$ 烘干至恒重的固体物质。

先对称量瓶恒重，然后再对载有悬浮物的滤膜和称量瓶一起恒重，从而得到悬浮物的质量，进而求得水中的悬浮物含量（mg/L）。

三、仪器及试剂

全玻璃微孔滤膜过滤器；CN-CA 滤膜孔径，$0.45\mu m$，直径 60mm；吸滤瓶、真空泵；无齿扁咀镊子。

四、实训步骤

1. 滤膜准备

用无齿扁咀镊子夹取微孔滤膜放于事先恒重的称量瓶里，移入烘箱中于 $103\sim105℃$ 烘半小时后取出置干燥器内冷却至室温，称其质量。反复烘干、冷却、称量，直至两次称量的质量差<0.2mg。将恒重的微孔滤膜正确地放在滤膜过滤器的滤膜托盘上，加盖配套的漏斗，并用夹子固定好。以蒸馏水润湿滤膜，并不断吸滤。

2. 测定

量取充分混合均匀的试样 100mL 抽吸过滤，使水分全部通过膜。再以每次 10mL 蒸馏水连续洗涤三次，继续吸滤以除去痕量水分。停止吸滤后，仔细取出载有悬浮物的滤膜放在原恒重的称量瓶里，移入烘箱中于 $103\sim105℃$ 烘干 1h 后移入干燥器中，使冷却到室温，称其质量。反复烘干、冷却、称量，直至两次称量的质量差不大于 0.4mg 为止。

五、数据及结果

请将实验数据记录于下表中。

称量瓶恒重记录表

称量瓶编号	1	2
第一次称重/g		
第二次称重/g		
第三次称重/g		

称量瓶编号	1	2
第四次称重/g		
……		
最后一次称重/g		
恒重差值/mg		
称量瓶质量/g		

悬浮物含量的测定

称量瓶编号	1	2
已恒重的空瓶重量 A/g		
烘干后第一次称重(瓶和悬浮物)/g		
烘干后第二次称重(瓶和悬浮物)/g		
烘干后第三次称重(瓶和悬浮物)/g		
烘干后第四次称重(瓶和悬浮物)/g		
……		
烘干后最后一次称重 B(瓶和悬浮物)/g		
悬浮物质量 G/g		
悬浮物含量/(mg/L)		

? 思考

1. 膜上截留过多的悬浮物可能夹带过多的水分,除会延长干燥时间外,还可能造成过滤困难,遇此情况可如何处理?

2. 若滤膜上悬浮物过少,则会增大称量误差,影响测定精度,必要时可增大试样体积。一般以多少悬浮物量作为量取试样体积的适用范围?

任务二　土壤中水分的测定

一、实训目的

1. 熟练掌握恒重操作技术。
2. 学会土壤水分含量的测定方法。
3. 培养具体问题具体分析的能力。

二、实训原理

土壤水分含量指在105℃下从土壤中蒸发的水的质量占干物质量的质量分数。

先对称量瓶恒重，然后再对土壤和称量瓶一起恒重，从而得到水分的质量，进而求得土壤中的水分含量（%）。

三、仪器及试剂

① 鼓风干燥箱：105℃±5℃。
② 干燥器：装有无水变色硅胶。
③ 分析天平：精度为0.01g。
④ 称量瓶：100mL。
⑤ 样品勺。
⑥ 样品筛：2mm。

四、实训步骤

1. 土壤的制备

取适量新鲜土壤样品撒在干净、不吸收水分的玻璃板上，充分混匀，去除直径大于2mm的石块、树枝等杂质，待测。

2. 测定

称量瓶和盖子于105℃±5℃下烘干1h，稍冷，盖好盖子，然后置于干燥器中至少冷却45min，测定带盖称量瓶的质量 m_0，精确至0.01g。用样品勺将30～40g新鲜土壤试样转移至已称重的称量瓶中，盖上瓶盖，测定总质量 m_1，精确至0.01g。取下瓶盖，将称量瓶和新鲜土壤试样一并放入烘箱中，在105℃±5℃下烘干至恒重，同时烘干盖子。烘干后将称量瓶盖上瓶盖并置于干燥器中至少冷却45min，取出后立即测定带盖称量瓶和烘干土壤的总质量 m_2，精确至0.01g。

五、数据及结果

请将实验数据记录于下表中。

称量瓶编号	1	2
空瓶质量 m_0/g		
瓶和土壤质量 m_1/g		
烘干后第一次称重(瓶和土壤)/g		
烘干后第二次称重(瓶和土壤)/g		
烘干后第三次称重(瓶和土壤)/g		
烘干后第四次称重(瓶和土壤)/g		
……		
烘干后最后一次称重 m_2(瓶和土壤)/g		
水分含量/%		

? 思考

1. 一般情况下，大部分土壤的干燥时间为多少小时？少数特殊土壤样品和大颗粒土壤样品需要更长时间？

2. 查阅《土壤　干物质和水分的测定　重量法》（HJ 613—2011）中关于恒重的定义。

任务三 矿石中稀土总量的测定

一、实训目的

1. 熟练掌握恒重操作技术。
2. 学会沉淀技术。
3. 学会过滤技术。
4. 学会矿石中稀土总量的测定方法。
5. 培养严谨求实、一丝不苟的科学精神。

二、实训原理

矿石试样经过消解、沉淀、过滤等一系列操作后，稀土元素转移到沉淀中，对沉淀进行高温加热、恒重后，求得矿石中的稀土元素含量。

三、仪器及试剂

电子天平、瓷坩埚、马弗炉、干燥器、间甲酚紫指示剂、稀土样品。

四、实训步骤

称取 0.25g 左右稀土样品置于 300mL 烧杯中，加 5mL 水、4mL 浓盐酸、10mL 硝酸（1+1）溶解，加热 10min 左右至样品溶解完全后，取下稍冷，再加入 1mL 过氧化氢（30%）、5mL 高氯酸（$\rho = 1.67 g/mL$），继续加热至冒高氯酸白烟，并蒸至 1mL 左右，取下，稍冷，加入 10mL 浓盐酸、10mL 水，加热使盐类溶解。用慢速定性滤纸过滤，滤液接收于 400mL 烧杯中，用盐酸洗液（2+98）洗涤烧杯和滤纸 5~6 次，弃去滤纸。

滤液加水至约 150mL，加 2g 氯化铵，加热至沸，取下，用氨水（1+1）中和至氢氧化物沉淀析出，再加 20mL 氨水（1+1），加热至沸，取下，冷至室温。此时溶液 pH 大于 9。用慢速定量滤纸过滤，用 pH=10 的氯化铵溶液洗涤烧杯 2~3 次，洗沉淀 7~8 次。

将沉淀连同滤纸放入原烧杯中，加 10mL 盐酸，加热将滤纸煮烂、溶解沉淀。加水至约80mL，加热至沸，加 4 滴间甲酚紫指示剂，取下。加 100mL 热的 5% 草酸溶液，用氨水（1+1）调节 pH 约 1.8，溶液由深粉色变为浅粉色。在电热板上保温 2h，取下，静置 4h 或过夜。

用慢速定量滤纸过滤。用 1% 草酸洗液洗烧杯 3~5 次，用小块滤纸擦净烧杯，放入沉淀中，洗涤沉淀 8~10 次。

将沉淀连同滤纸置于已恒重的瓷坩埚中，低温灰化后，置于 950℃ 马弗炉中灼烧40min，取出，放入干燥器中冷却 30min，称重，重复操作至恒重。平行试验两份，随同试样做空白试验。

五、数据及结果

请将实验数据记录于下表中。

坩埚编号		1	2	3
坩埚质量/g	第一次灼烧			
	第二次灼烧			
	第三次灼烧			
恒重差值/mg				
坩埚恒重值/g				

稀土总量测定

坩埚编号		1	2	空白
稀土样品重量 m_0/g				
灼烧物＋坩埚质量/g	第一次灼烧			
	第二次灼烧			
	第三次灼烧			
恒重差值/mg				
(灼烧物＋坩埚)恒重/g				
灼烧物净质量/g				
稀土净质量/g				
稀土含量/%				

？ 思考

1. 在过滤时，若过滤速度特别慢，可能原因是什么？应如何处理？
2. 若滤纸未完全煮烂，会对实验结果产生怎样的影响？
3. 高氯酸（$\rho = 1.67\text{g/mL}$）应该如何配制？在实验中应该如何保证安全？

延展阅读

重量分析法

重量分析法简称重量法，是称取一定质量的试样，通过物理或化学反应将被测组分与试样中其他组分分离后，转化成一定的称量形式，称重，从而求得该组分含量的方法。重量分析的过程包括分离和称量两个过程。

重量分析法是化学分析法中最经典的方法，其优点是全部数据都是直接由分析天平称量得来的，不需要像滴定分析法那样还要经过与基准物质或标准溶液进行比较，也不需要用容量器皿测定的体积数据，因而没有这些方面的误差。因此，对于高含量组分的测定，重量分析法具有准确度较高的优点，测定的相对误差一般不大于 0.1%。但是，重量分析法也有着明显的缺点，如操作烦琐、分析周期长、灵敏度不高、不适于微量及痕量组分的测定、不适于生产的控制分析。利用沉淀法的有关原理及基本操作技术，在分离干扰组分和富集痕量组分方面，重量分析法却是目前在实际工作中常采用的分离手段。

此外，重量法也常用于某些准确度要求较高的分析工作中，如一些稀有金属的测定以及有关溶液浓度的标定等。因此，重量分析法仍然是分析化学中必不可少的基本方法。

根据分离方法的不同，重量分析法通常分为沉淀重量法、挥发重量法和电解重量法。

（1）沉淀重量法　沉淀重量法是利用沉淀反应使被测组分生成溶解度很小的沉淀，将沉淀过滤、洗涤、烘干或灼烧成为组成一定的物质，称其质量，再计算被测组分的含量，其中最重要的步骤是沉淀。如测定试液中 SO_4^{2-} 含量时，在试液中加入 $BaCl_2$ 溶液，直至过量，

使 SO_4^{2-} 完全生成难溶的 $BaSO_4$ 沉淀，经过滤、洗涤、烘干或灼烧后称其质量，即可计算试液中 SO_4^{2-} 的含量。这是重量分析的主要方法。

（2）挥发重量法　挥发重量法是用加热或其他方法使试样中被测组分逸出，再根据逸出前后试样质量之差来计算被测成分的含量。试样中结晶水的测定多用这种方法。例如，在环境监测中测定土壤的水分时，根据土壤样品在 105℃ 烘干后所损失的质量，计算对应的水分含量。

（3）电解重量法　电解重量法是利用电解的原理，通过控制电解池的电位，使被测组分以纯金属或难溶化合物的形式在电极上析出，通过称量沉积物的质量计算待测组分的含量，又称为电重量分析法，精度很高，常用于一些金属纯度的鉴定、仲裁分析等。

项目八
扩展实训

项目描述

本项目进一步学习酸碱滴定、配位滴定和沉淀滴定法，学习水的酚酞碱度、甲基橙碱度和总碱度；控制溶液的 pH 测定白云石中的钙和镁含量；将酱油样品进行前处理后用 Ag-NO$_3$ 标准溶液测定 NaCl 的含量。

本项目还将学习目视比色法、分光光度法和重量分析法。

项目目标

1. 素养目标

培养实事求是的科学精神

培养诚信严谨和吃苦耐劳的品质

培养自我提高及终身学习的理念

2. 知识目标

了解水的碱度的意义和常用的表示方法，以及硬度和碱度间的主要关系

掌握 EDTA 容量法测定水的硬度的原理和方法

掌握酸碱滴定法测定水的碱度的原理和方法

掌握硝酸银滴定法测定水中 Cl$^-$ 的原理和方法

掌握置换滴定法测定铁铝混合溶液中铝的原理和方法

解指示剂的应用和终点的确定方法

理解目视比色法与分光光度法的原理

知道恒重的意义

3. 技能目标

能熟练进行滴定操作

会使用比色管、马弗炉和 721 型分光光度计

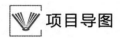 项目导图

扩展实训 —— 水的碱度的测定

白云石中钙、镁含量的测定

铁铝混合溶液中铝含量的测定

酱油中 NaCl 含量的测定

铜试剂目视比色法测定铜含量

邻二氮菲分光光度法测定铁含量

磺基水杨酸测铁含量

氯化钡中结晶水含量的测定

任务一　水的碱度的测定

一、实训目的

1. 知道水碱度的定义及测定碱度的意义；
2. 学会水碱度的测定方法；
3. 培养用不同方法解决不同问题的能力。

二、实训原理

水的碱度是指能与强酸定量作用的物质的总量。水碱度的来源较多，天然水的碱度通常是由水中含有的氢氧化物、碳酸盐和碳酸氢盐所致。当有 $HSiO_3^-$、HS^-、HPO_4^{2-} 等离子及有机腐蚀酸存在时，也能形成一定的碱度。

碱度指标常用于评价水体的缓冲能力及金属在其中的溶解性和毒性，是对水和废水处理过程控制的判断性指标。

对于天然水和未受污染的水，以酚酞作指示剂，用盐酸标准溶液滴定至 pH＝8.3 时 OH^- 被完全中和，CO_3^{2-} 被中和一半，得到的碱度为酚酞碱度，再以甲基橙作指示剂，继续以盐酸标准溶液滴定至 pH＝4.4，此时重碳酸根全部被中和，所得到的碱度为甲基橙碱度，总碱度为二者之和。通过计算可以求出相应的碳酸根、碳酸氢根及氢氧根离子的含量。

对于污水、废水，由于组分复杂，这种计算没有意义。

反应式：

$$\left.\begin{array}{l} OH^- \\ CO_3^{2-} \\ HCO_3^- \end{array}\right\} \xrightarrow[HCl]{\text{酚酞指示剂}} \begin{array}{c} H_2O \\ + \\ HCO_3^- \end{array} \xrightarrow[HCl]{\text{甲基橙指示剂}} CO_2 + H_2O$$

三、仪器及试剂

① Na_2CO_3 标准溶液（0.02500mol/L）：称取 0.2650g 于 270℃ 烘烤半小时（或 120℃ 干燥 2h）的无水 Na_2CO_3 粉末，用新煮沸过并冷却的蒸馏水溶解后置于 100mL 容量瓶中，并稀释至刻度摇匀。

② 盐酸（0.05mol/L）：吸取 0.02500mol/L 标准 Na_2CO_3 溶液 10.00mL（四份，另空白一份）于 250mL 锥形瓶中，加 1～2 滴甲基橙，用盐酸溶液滴定至由黄色变为橙色。

$$Na_2CO_3 + 2HCl \longrightarrow 2NaCl + H_2O + CO_2 \uparrow$$

③ 酚酞指示剂：0.1% 的 60% 乙醇溶液。

④ 甲基橙指示剂：0.1% 水溶液。

四、实训步骤

取水样 100mL 于 250mL 锥形瓶中，加 3 滴酚酞，以盐酸标准溶液滴定至红色恰好消失，消耗量为 V_1（如无红色出现表明没有 CO_3^{2-} 和 OH^-）；然后加 1～2 滴甲基橙，继续以盐酸滴定至黄色变橙色，消耗量为 V_2。总碱度为（V_1+V_2）消耗量。

水样中碱度较大时，当用甲基橙作指示剂，滴定至临近终点时，应剧烈振荡水样（或煮沸水样以排除 CO_2，冷却后）并继续滴定至终点。

$$酚酞碱度（CaCO_3）=\frac{\frac{1}{2}c（HCl）V_1M（CaCO_3）}{100}\times1000（mg/L）$$

$$甲基橙碱度（CaCO_3）=\frac{\frac{1}{2}c（HCl）V_2M（CaCO_3）}{100}\times1000（mg/L）$$

$$总碱度（CaCO_3）=\frac{\frac{1}{2}c（HCl）（V_1+V_2）M（CaCO_3）}{100}\times1000（mg/L）$$

式中，$c（HCl）$ 为盐酸标准溶液物质的量浓度，mol/L；$M（CaCO_3）$ 为 100.09g/mol；V_1 为测酚酞碱度时消耗盐酸标液的体积，mL；V_2 为测甲基橙碱度时消耗盐酸标液的体积，mL。

五、数据及结果

请将实验数据记录于下表中。

盐酸标准溶液的标定

	编号	1	2	3	4	空白
称量	初读数/g					
	终读数/g					
	Na_2CO_3 质量/g					
滴定	初读数/mL					
	终读数/mL					
	体积/mL					
	减空白后体积/mL					
	盐酸浓度/(mol/L)					
	平均浓度/(mol/L)					
	RSD/%					

碱度的测定

样品编号	1	2	3
盐酸体积 V_1/mL			
酚酞碱度/(mg/L)			
酚酞碱度平均值/(mg/L)			
盐酸体积 V_2/mL			
甲基橙碱度/(mg/L)			
甲基橙碱度平均值/(mg/L)			
总碱度/(mg/L)			
总碱度平均值/(mg/L)			

任务二　白云石中钙、镁含量的测定

一、实训目的

1. 理解用控制 pH 的方法测定钙、镁含量的原理；
2. 学会使用 K-B 指示剂；
3. 培养分步解决问题的能力。

二、实训原理

测定 Ca^{2+}、Mg^{2+} 的方法很多，通常根据被测物质复杂程度的不同，采用不同的分析方法。白云石是一种碳酸盐岩石，主要成分为碳酸钙镁 $[CaMg(CO_3)_2]$，并含有少量 Fe、Al、Si 等杂质，成分较简单，故通常可以不经分离直接进行滴定。

试样经盐酸溶解后，调节溶液的 pH 约为 10，用 EDTA 标准溶液滴定 Ca^{2+}、Mg^{2+} 总量。滴定时以酸性铬蓝 K 为指示剂，在 pH 约为 10 的缓冲溶液中，指示剂与 Ca^{2+}、Mg^{2+} 生成紫红色配合物，当用 EDTA 滴定到化学计量点时，游离出指示剂，溶液显蓝色。为了使终点颜色变化更为敏锐，常将酸性铬蓝 K 和惰性染料萘酚绿 B 混合使用，简称 K-B 指示剂。此时，滴定至溶液由紫红色变为蓝绿色，即为终点。

另取一份试液，调节 pH>12，此时 Mg^{2+} 生成 $Mg(OH)_2$ 沉淀，故可用 EDTA 单独滴定 Ca^{2+}。由于白云石中 Mg^{2+} 含量较高，形成的大量 $Mg(OH)_2$ 沉淀会吸附 Ca^{2+}，从而使钙的结果偏低、镁的结果偏高。如在溶液中加入淀粉-甘油、阿拉伯树胶或糊精等保护胶，可基本消除吸附现象，其中以糊精的效果较好。

滴定时，试液中 Fe^{3+}、Al^{3+} 等的干扰可用三乙醇胺掩蔽，Cu^{2+}、Zn^{2+} 等的干扰可用 KCN 掩蔽。

如试样成分复杂，经溶解后，可在试液中加入六次甲基四胺和铜试剂，使 Fe^{3+}、Al^{3+} 和重金属离子同时沉淀除去，过滤后即可按上述方法分别测定 Ca^{2+}、Mg^{2+} 总量和 Ca^{2+} 的含量。

三、仪器及试剂

① EDTA 溶液（0.02mol/L）：称取 4g 乙二胺四乙酸二钠盐（$Na_2H_2Y \cdot 2H_2O$）于 250mL 烧杯中，用水溶解后稀释至 500mL。如溶液需保存，最好将溶液储存在聚乙烯塑料瓶中。

② $NH_3 \cdot H_2O-NH_4Cl$ 缓冲溶液：称取 67g 固体 NH_4Cl，溶于少量水中，加 570mL 浓氨水，用水稀释至 1L。

③ K-B 指示剂：称取 0.2g 酸性铬蓝 K、0.44g 萘酚绿 B 于烧杯中，加水溶解后，稀释至 100mL。也可采用如下方法配制，即将 1g 酸性铬蓝 K、2.2g 萘酚绿 B 和 40g KCl 研细混匀，装入小广口瓶中，置于干燥器中备用。注意试剂质量常有变化，故应根据具体情况确定最适宜的指示剂比例。

④ 三乙醇胺（1+2）。

⑤ 糊精溶液（5%）：将 5g 糊精溶解于 100mL 沸水中，冷却，加 5mL 10% 的 NaOH

溶液，搅拌均匀，加入 3～5 滴 K-B 指示剂，用 EDTA 标准溶液滴定至溶液呈蓝色。临用时配制，久置后溶液变质。

⑥ HCl 溶液（1＋1）。

⑦ NaOH 溶液：20%。

⑧ $CaCO_3$：将基准物 $CaCO_3$ 置于 120℃ 电烘箱中，干燥 2h，稍冷后，置于干燥器中冷却至室温，备用。

⑨ 白云石样品。

四、实训步骤

（1）0.02mol/L EDTA 溶液的标定　标定 EDTA 溶液的基准物质很多，为了减少方法误差，可选用 $CaCO_3$ 进行标定，其方法如下：准确称取 0.35～0.40g $CaCO_3$ 放入 250mL 烧杯中，用少量水润湿，盖上表面皿，慢慢加入（1＋1）HCl 溶液 10～20mL，加热溶解，将溶液转入 250mL 容量瓶中，用水稀释至刻度，摇匀。移取 25.00mL 上述溶液注入 250mL 锥形瓶中，加约 20mL 水，加入 10mL pH 约为 10 的 $NH_3 \cdot H_2O\text{-}NH_4Cl$ 缓冲溶液，加 2～3 滴 K-B 指示剂，用 0.02mol/L EDTA 溶液滴定至溶液由紫红色变为蓝绿色即为终点。平行试验四份，另做空白一份。

（2）试样分析　准确称取 0.5000g 白云石试样两份（另做空白一份）置于烧杯中，加少量水润湿，盖上表面皿，慢慢加入 10～20mL（1＋1）HCl 溶液，加热溶解。冷却后转入 250mL 容量瓶中，用水稀释至刻度。移取 25.00mL 试液于 250mL 锥形瓶中，加约 20mL 水，加 3mL（1＋2）三乙醇胺，摇匀，加入 10mL pH 约为 10 的 $NH_3 \cdot H_2O\text{-}NH_4Cl$ 缓冲溶液，2～3 滴 K-B 指示剂，用 EDTA 标准溶液滴定至溶液由紫红色变为蓝绿色即为终点，记录消耗 EDTA 标准溶液的体积（V_1）。所测为 Ca^{2+}、Mg^{2+} 含量。

另取一份 25.00mL 试液于 250mL 锥形瓶中，加水 20～30mL，加入 10～15mL 5% 的糊精溶液，2mL（1＋2）三乙醇胺，10mL 20% NaOH 溶液，2～3 滴 K-B 指示剂，用 EDTA 标准溶液滴定溶液由紫红色变为蓝绿色即为终点，记下 EDTA 标准溶液所消耗的体积（V_2）。根据消耗 EDTA 的体积（V_2），计算试样中 CaO 的含量。

根据滴定 Mg^{2+} 实际消耗 EDTA 的体积（V_1-V_2），计算试样中 MgO 的含量。

五、数据及结果

请将实验数据记录于下表中。

EDTA 标准溶液的标定

编号		1	2	3	4	空白
$m(CaCO_3)$/g						
$CaCO_3$ 溶解、稀释体积/mL						
吸取 $CaCO_3$ 稀释液体积/mL						
EDTA 滴定读数/mL	终点					
	起点					
EDTA 用量 V/mL	读数差					
	减空白后					

编号	1	2	3	4	空白
c(EDTA) /(mol/L)	公式：				
$c_{平均值}$/(mol/L)					
相对平均偏差/%					
标准偏差/%					

白云石中钙、镁含量的测定

编号		1	2	空白
称取试样质量 m_s/g				
稀释至体积/mL				
吸取试液量 V_s/mL				
EDTA 滴定 读数/mL	终点			
	起点			
钙、镁消耗 EDTA 量 V_1/mL	读数差			
	减空白后			
滴定钙 读数/mL	终点			
	起点			
钙消耗 EDTA 量 V_2/mL	读数差			
	减空白后			
ω(CaO)		公式：		
ω(CaO)$_{平均值}$				
相对平均偏差/%				
标准偏差/%				
ω(MgO)		公式：		
ω(MgO)$_{平均值}$				
相对平均偏差/%				
标准偏差/%				

任务三 铁铝混合溶液中铝含量的测定

一、实训目的

1. 理解返滴定法的原理；
2. 掌握控制条件测定铝含量的方法；
3. 熟练恒重操作；
4. 培养严谨的科学态度。

二、实训原理

在 pH 为 3～4 的条件下，在试液中加入过量 EDTA 标准溶液，加热煮沸，使 Fe^{3+}、Al^{3+} 完全配位，调整 pH 为 5.8～6，以二甲酚橙为指示剂，用锌盐标准溶液回滴过剩的 EDTA。然后加入过量氟化钾置换出与铝配位的 EDTA，再用锌盐标准溶液回滴。

三、仪器及试剂

① 氟化钾：20％。

② EDTA 标准溶液：0.02mol/L。称取 EDTA 二钠盐 3.7g 置于烧杯中，用 300mL 水溶解，稀释至 500mL，备用。

③ 二甲酚橙指示剂：0.2％水溶液。

④ 乙酸-乙酸铵缓冲溶液（pH 5.8～6）：称取乙酸铵 60g 溶于 80mL 水中，加入冰醋酸 2mL，混匀（用 pH 试纸检查）。

⑤ 锌标准溶液：准确称取干燥至恒重的基准物质氧化锌 0.4g 于小烧杯中，加 2～3 滴水润湿，滴加（1+1）盐酸溶液使之完全溶解，加 25mL 水后，混匀，转移到 250mL 容量瓶中，定容，备用。

⑥ 氨水：（1+2）。

⑦ 盐酸：（1+1）。

⑧ 铁铝试样溶液：称取 $Al_2(SO_4)_3$ 固体 1.0g，$Fe_2(SO_4)_3$ 固体 0.3g，置于小烧杯中，加入少量（1+1）盐酸及 50mL 水，溶解，加水至 250mL，备用。

四、实训步骤

吸取 10mL 试液于 250mL 锥形瓶中，加入 25mL EDTA 标准溶液，用水稀释至 50mL。加热至 80～90℃，取下冷却，加入 2 滴二甲酚橙指示剂。

用（1+2）氨水调节溶液由黄色刚变紫色（如果加入二甲酚橙指示剂，溶液即呈紫色，说明 EDTA 的加入量不够，应补加适当的 EDTA）。加入缓冲溶液 10mL，加热煮沸并保持 5min，取下冷却，补加 2 滴二甲酚橙指示剂，用锌标准溶液滴定至刚变红紫色（此读数不计）。加入 20％氟化钾溶液 10mL，摇匀后加热至微沸，取下冷却至室温，补加二甲酚橙指示剂 3 滴，用锌标准溶液滴定至红紫色即为终点，记下读数。

根据滴定读数计算试液中铝的含量（以 mg/L 表示）。做平行试验三份，同时做一份空白试验。

五、数据及结果

请将实验数据记录在下表中。

锌标准溶液的配制

氧化锌质量/g	
定容体积/mL	
锌标准溶液浓度 c/(mol/L)	

铝含量的测定

编号		1	2	3	空白
吸取试样 V_s/mL					
滴定管读数/mL（加氟化钾后）	终点				
	起点				
锌滴定液用量 V/mL	读数差				
	减空白后				
铝含量 ρ /(mg/L)	公式: $\rho=$				
$\rho_{平均值}$/(mg/L)					
相对平均偏差/%					
标准偏差/%					

任务四　酱油中 NaCl 含量的测定

一、实训目的

1. 熟悉沉淀滴定法的基本操作。
2. 掌握莫尔法测 Cl^- 含量的原理、过程及注意事项。
3. 增强环境保护意识。

二、实训原理

以 K_2CrO_4 作为指示剂，用 $AgNO_3$ 标准溶液在中性或弱碱性溶液中对 Cl^- 进行测定，形成溶解度较小的 AgCl 沉淀和溶解度相对较大的砖红色 Ag_2CrO_4 沉淀。溶液中首先析出 AgCl 沉淀，至接近反应等电点时，Cl^- 浓度迅速降低，沉淀剩余 Cl^- 所需的 Ag^+ 则不断增加，当增加到生成 Ag_2CrO_4 沉淀所需的 Ag^+ 浓度时，则同时析出 AgCl 及 Ag_2CrO_4 沉淀，溶液呈现浅砖红色，指示到达终点。

三、仪器及试剂

① K_2CrO_4 指示剂：50g/L；

② 0.1mol/L $AgNO_3$ 标准溶液：称取 4.25g $AgNO_3$ 溶于水中，定容于 250mL 容量瓶中，待用；

③ 0.01mol/L $AgNO_3$ 标准溶液：准确吸取 25.00mL 0.1mol/L $AgNO_3$ 标准溶液，定容于 250mL 容量瓶中；

④ 酱油。

四、实训步骤

（1）0.01mol/L $AgNO_3$ 标准溶液的标定　准确称取干燥 NaCl 基准物 0.2～0.3g 于烧杯中完全溶解后定容于 250mL 容量瓶中。准确吸取 10.00mL 于锥形瓶中，加 25mL 蒸馏水，及 1mL 50g/L K_2CrO_4 指示剂，混匀。在白色瓷砖的背景下用 0.01mol/L $AgNO_3$ 标准溶液滴定至出现浅砖红色。平行标定三份，另做空白一份。

（2）酱油中 Cl^- 的测定　准确移取酱油 1mL 至 250mL 容量瓶中，加水至刻度，摇匀。准确吸取 10mL 至 250mL 锥形瓶中，加 100mL 蒸馏水，及 1mL 50g/L K_2CrO_4 指示剂，混匀。在白色瓷砖的背景下用 0.01mol/L $AgNO_3$ 标准溶液滴定至出现浅砖红色。平行测定三份，另做空白一份。

五、数据及结果

请将实验数据记录于下表中。

AgNO₃ 标准溶液的标定

编号		1	2	3	空白
$m(NaCl)/g$					
稀释至体积/mL					
吸取 NaCl 稀释液体积/mL					
AgNO₃ 滴定	终点				
读数/mL	起点				
AgNO₃ 用量	读数差				
V/mL	减空白后				
$c(AgNO_3)$	公式：				
/(mol/L)					
$c_{平均值}/(mol/L)$					
相对平均偏差/%					
标准偏差/%					

酱油中 NaCl 含量的测定

编号		1	2	3	空白
$c(AgNO_3)/(mol/L)$					
吸取酱油体积/mL					
稀释至体积/mL					
吸取酱油稀释液体积/mL					
AgNO₃ 滴定	终点				
读数/mL	起点				
AgNO₃ 消耗的	读数差				
体积/mL	减空白后				
$\omega(NaCl)/\%$	公式：				
$\omega(NaCl)$ 平均值/%					
相对平均偏差/%					
标准偏差/%					

六、注意事项

① 由于酱油本身颜色较深，测定时一定要稀释及用白色瓷砖增强背景对比度，但存留的色泽仍会严重干扰终点的准确判定。

② 指示剂的加入量。由于 K_2CrO_4 溶液呈黄色，其用量直接影响终点误差，浓度颜色影响终点观察。一般在 100mL 溶液中加入 1mL 50g/L K_2CrO_4 指示剂，测定终点误差在滴定分析所允许的误差范围内。

③ 滴定时振动溶液的程度。因 AgCl 沉淀对溶液中 Cl⁻ 有显著的吸附作用，故在滴定过程中，应剧烈振动溶液，使被吸附的 Cl⁻ 解吸出来，从而确保检验结果的准确性。

◉ 我会操作

硝酸银标准溶液的配制

任务五　铜试剂目视比色法测定铜含量

一、实训目的

    1. 掌握目视比色法的原理；

    2. 学会比色管的使用；

    3. 能配制标准色阶；

    4. 能正确比色；

    5. 培养严谨、细心、认真的职业素养。

二、实训原理

    在氨性溶液中，铜离子与铜试剂生成黄色（棕黄色）的二乙胺硫代甲酸铜配合物。反应式如下：

    此配合物可溶于四氯化碳、三氯甲烷等有机溶剂，颜色稳定。本法适用于含铜 0.5％以下试样的测定。

三、仪器及试剂

    ① 甲酚红指示剂（0.05％）：称取 0.05g 甲酚红，置于小烧杯中，加入两粒氢氧化钠及少许水使其溶解，加水至 100mL，摇匀。

    ② 铜试剂（0.1％）：称取 0.1g 试剂溶于 100mL 水中，可稍许加热以促进溶解。

    ③ 三氯甲烷。

    ④ 柠檬酸铵溶液（20％）：称取 20g 柠檬酸铵置于烧杯中，加 100mL 水溶解，搅匀。

    ⑤ 浓盐酸。

    ⑥ 浓硝酸。

    ⑦ 稀氨水：（1+3）。

    ⑧ 稀盐酸：10％。

    ⑨ 广泛 pH 试纸（pH 1～14）。

    ⑩ 铜标准溶液：将浓的铜标准溶液稀释为 1mL 含 2μg 铜。

    标准系列的配制：吸取含 0μg、0.5μg、1μg、1.5μg、2μg、3μg、4μg、5μg、6μg、8μg、10μg、12μg 铜的标准溶液，分别置于 25mL 具塞比色管中，加入 20％柠檬酸铵溶液 2mL、0.05％甲酚红指示剂 2 滴，用稀氨水、稀盐酸调节溶液由黄色变为紫红色，加水稀释至 10mL 刻度。加入铜试剂 2mL，摇匀，加 3mL 三氯甲烷，盖上塞子，剧烈振荡 1min，静置分层后作系列比色用。

四、实训步骤

称取 0.1g 试样，置于 100mL 烧杯中，用少许水润湿，加浓盐酸 10mL，在电热板上加热溶解数分钟后（沸腾状），加硝酸 3mL，再加热煮沸，蒸发至溶液近干，加硝酸 2mL 及少量水，加热煮沸，取下冷却后，移入 100mL 容量瓶中，以水稀释至刻度，摇匀，静置澄清。

吸取澄清液 2mL，置于 25mL 具塞比色管中，按标准系列配制过程，显色、比色。

五、数据及结果

请将实验数据记录在下表中。

铜含量测定结果

试液编号	1	2
吸取试液量 V/mL		
目视比色结果 m/μg		
$w(\text{Cu})$	计算公式	

$$w(\text{Cu}) = \frac{m \times 10^{-6}}{m_s \times \dfrac{V}{100}} \times 100\%$$

式中，m 为目视比色比出的铜含量，μg；m_s 为试样质量，g；V 为吸取试液的体积，mL。

任务六　邻二氮菲分光光度法测定铁含量

一、实训目的

　　1. 掌握分光光度法的原理；

　　2. 学会分光光度计的使用；

　　3. 会配制标准溶液；

　　4. 能对数据进行处理，绘制标准曲线；

　　5. 培养严谨求实、一丝不苟的科学精神。

二、实训原理

　　邻二氮菲是测定微量铁的一种较好试剂，在 pH＝2～9 的溶液中，试剂与 Fe^{2+} 生成稳定的红色配合物，其 $lgK_稳$＝21.3，摩尔吸光系数 ε＝1.1×10^4，反应如下：

　　红色配合物的最大吸收峰在 510nm 波长处。本方法的选择性很高，含量为含铁量 40 倍的 Sn^{2+}、Al^{3+}、Ca^{2+}、Mg^{2+}、Zn^{2+}、SiO_3^{2-}，20 倍的 Cr^{3+}、Mn^{2+}、V^{5+}、PO_4^{3-}，5 倍的 Co^{2+}、Cu^{2+} 等，均不干扰测定。

　　本实验通过邻二氮菲分光光度法测定铁的试验，学习比色分析方法和某些比色条件的选择。

三、仪器及试剂

　　① 铁标准溶液（10^{-3}mol/L）（0.5mol/L HCl 介质）：准确称取 0.4822g $NH_4Fe(SO_4)_2$·$12H_2O$，置于烧杯中，加入 80mL（1＋1）HCl 和少量水，溶解后，转移至 1L 容量瓶中，以水稀释至刻度，摇匀。

　　② 铁标准溶液（100μg/mL）：称取铁铵矾 $NH_4Fe(SO_4)_2$·$12H_2O$ 0.8634g 溶于水中，加入（1＋1）盐酸 12mL，移入 1000mL 容量瓶中，以水稀释至刻度，摇匀。此溶液 1mL 含 100μg 铁。

　　③ 邻二氮菲：0.3％水溶液（新鲜配制）。

　　④ 盐酸羟胺：10％水溶液（临用时配制）。

　　⑤ 醋酸钠溶液：1mol/L。

　　⑥ NaOH 溶液：0.1mol/L。

　　⑦ HCl 溶液：6mol/L。

　　⑧ 铁未知试液（两种）。

四、实训步骤

（1）吸收曲线的制作　用移液枪吸取 0.2mL 10^{-3} mol/L 铁标准溶液，注入 25mL 比色管中，加入 0.5mL 10% 盐酸羟胺溶液，摇匀，加入 1mL 0.3% 邻二氮菲溶液、2.5mL 1mol/L 醋酸钠溶液，以水稀释至刻度，摇匀。在 721 型分光光度计上，用 1cm 比色皿，采用试剂空白作为参比溶液，在 440～560nm 之间，每隔 10nm 测定一次吸光度。以波长为横坐标，吸光度为纵坐标，绘制吸收曲线，从而选择测量铁的适宜波长。

（2）显色剂用量的影响　取 7 支 25mL 比色管，各加入 1mL 10^{-3} mol/L 铁标准溶液和 0.5mL 10% 盐酸羟胺溶液，摇匀，分别加入 0.10mL、0.20mL、0.30mL、0.40mL、0.50mL、1.0mL、2.0mL 0.3% 邻二氮菲溶液，然后加入 2.5mL 1mol/L 醋酸钠，以水稀释至刻度，摇匀。在 721 型分光光度计上，用 1cm 比色皿，选择适宜的波长，以试剂空白为参比溶液，测定显示剂各浓度的吸光度。以显示剂邻二氮菲的毫升数为横坐标，相应的吸光度为纵坐标，绘制吸光度-显色剂用量曲线，并据此确定测定过程中适宜的显色剂用量。

（3）有色溶液的稳定性　在 100mL 容量瓶中，加入 4mL 10^{-3} mol/L 铁标准溶液、1mL 10% 盐酸羟胺溶液，加入 2mL 0.3% 邻二氮菲溶液、10mL 1mol/L 醋酸钠溶液，以水稀释至刻度，摇匀。立即在所选择的波长下，用 1cm 比色皿以相应的试剂空白为参比溶液，测定吸光度。以时间为横坐标，吸光度为纵坐标，绘出吸光度-时间曲线，从曲线上观察此配合物的稳定性情况。

（4）溶液酸度的影响　在 9 支 25mL 比色管中，分别加入 1mL 10^{-3} mol/L 铁标准溶液、0.5mL 10% 盐酸羟胺、1mL 0.3% 邻二氮菲溶液，从滴定管中分别加入 0mL、1mL、2.5mL、4mL、5mL、7mL、10mL、15mL、20mL 0.1mol/L NaOH 溶液，摇匀。以水稀释至刻度，摇匀。用精密 pH 试纸测定各溶液的 pH 值，然后在所选择的波长下，用 1cm 比色皿，以各相应的试剂空白为参比溶液，测定其吸光度。

以 pH 值为横坐标，溶液相应的吸光度为纵坐标，绘出吸光度-pH 值曲线，找出进行测定的适宜 pH 区间。

（5）标准曲线的制作　在 5 支 25mL 比色管中，用吸量管分别加入 0.10mL、0.20mL、0.30mL、0.40mL、0.50mL 标准溶液（含铁 100μg/mL），再分别加入 1mL 10% 盐酸羟胺溶液、1mL 0.3% 邻二氮菲溶液和 2.5mL 1mol/L 醋酸钠溶液，以水稀释至刻度，摇匀。在所选择波长下，用 1cm 比色皿，以试剂空白为参比溶液，测定各溶液的吸光度。以标准溶液铁含量（μg）为横坐标，各标准溶液的吸光度为纵坐标，绘制标准曲线。

（6）试液（两种）中铁含量的测定　分别吸取 10mL 铁试液于 25mL 比色管中，按标准曲线的步骤进行测定。根据标准曲线查找试液中铁的微克数，并计算试液中铁的含量（mg/L）。

五、数据及结果

（1）吸光度-波长曲线　以波长为横坐标，吸光度为纵坐标。

波长与吸光度对应关系表

波长/nm							
A							
波长/nm							
A							

（2）吸光度-显色剂用量曲线 以显示剂邻二氮菲的毫升数为横坐标，相应的吸光度为纵坐标。

邻二氮菲体积与吸光度对应关系表

邻二氮菲体积/mL						
A						
邻二氮菲体积/mL						
A						

（3）吸光度-时间曲线 以时间为横坐标，吸光度为纵坐标。

时间与吸光度对应关系表

时间/min						
A						
时间/min						
A						

（4）吸光度-pH值曲线 以pH值为横坐标，溶液相应的吸光度为纵坐标。

溶液pH与吸光度对应关系表

pH						
A						
pH						
A						

（5）标准曲线 以标准溶液铁含量（μg）为横坐标，各标准溶液的吸光度为纵坐标绘制标准曲线。

浓度与吸光度对应关系表

$m_{Fe}/\mu g$						
A						
$m_{Fe}/\mu g$						
A						

（6）试液中铁含量的测定 测定波长：＿＿＿＿＿＿＿＿＿nm。

铁含量的测定

试液编号	1	2
吸光度		
从标准曲线上查得铁 $m/\mu g$		
试液中铁的含量 $\rho/(mg/L)$	计算公式	

👁 **我会操作**

移液枪的使用

任务七　磺基水杨酸测铁含量

一、实训目的

1. 掌握磺基水杨酸比色法测定铁的原理和方法。
2. 学会目视比色法的操作方法。
3. 学会绘制吸收曲线，正确选择测定波长。
4. 学会制作标准曲线，并利用标准曲线查得未知组分的含量。
5. 培养多角度看问题、多方法解决问题的能力。

二、实训原理

磺基水杨酸与铁生成配合物，在弱酸性溶液中仅与三价铁反应生成紫红色配合物，在氢氧化铵碱性条件下铁与磺基水杨酸生成黄色配合物，以其颜色的强度分别进行比色测定。

三、仪器及试剂

① 磺基水杨酸溶液：25%；

② 氨水：（1+1）；

③ 铁标准溶液：$100\mu g/mL$；

④ 已知铁含量溶液：取上述溶液 10mL 于 100mL 容量瓶中，以水稀释至刻度，摇匀。此溶液含铁 $10\mu g/mL$；

⑤ 铁未知溶液（两个）。

四、实训步骤

（1）标准色阶的配制　吸取 $10\mu g/mL$ 铁的标准溶液 0.00mL、0.50mL、1.00mL、2.00mL、3.00mL、5.00mL、6.00mL、7.00mL、8.00mL、9.00mL、10.00mL 于 25mL 比色管中，加 25% 磺基水杨酸 1mL，用（1+1）氨水中和至黄色，再过量 1mL，以水稀释至刻度，摇匀。

（2）目视比色法测定铁的含量　吸取试液 10mL 于 25mL 比色管中，加 25% 磺基水杨酸 1mL，用（1+1）氨水中和至黄色，再过量 1mL，以水稀释至刻度，摇匀，与标准色阶进行目视比色。计算铁的质量浓度。

（3）分光光度法测定铁的含量　将上述标准色阶试液，用 1cm 比色皿，于 721 型分光光度计 460nm 处，用试剂空白作参比，测量吸光度，绘制出标准曲线。根据绘出的标准曲线求出试液中铁的质量浓度。

五、数据及结果

请将实验数据记录于下表中。

目视比色法

试液编号	1	2
吸取试液量 V/mL		
目视比色结果 $m_{Fe}/\mu g$		
$\rho(Fe)/(mg/L)$	计算公式	

分光光度法

试液编号	1	2
吸光度 A		
$m_{Fe}/\mu g$		
$\rho(Fe)/(mg/L)$		

标准曲线的绘制

$m_{Fe}/\mu g$							
吸光度 A							
$m_{Fe}/\mu g$							
吸光度 A							

标准曲线:

任务八　氯化钡中结晶水含量的测定

一、实训目的

1. 掌握挥发法测定工业氯化钡中结晶水的方法；
2. 能熟练恒重操作；
3. 培养精益求精的工匠精神。

二、实训原理

工业氯化钡试样中结晶水的含量可采用挥发法测定。

挥发法是通过加热或其他方法使试样中某种挥发性组分逸出后，根据试样减轻的质量计算该挥发性组分的含量。例如测定试样中湿存水或结晶水时，可将一定质量的试样在电热干燥箱中加热烘干以除去水分，试样减少的质量即为所含水分的质量。

三、仪器及试剂

电热干燥箱、称量瓶、分析天平、干燥器、工业氯化钡。

四、实训步骤

取洗净的称量瓶，将瓶盖横立在瓶口上，置烘箱中，于125℃烘干1h，取出并放于干燥器中冷却至室温（约30min），称量。重复进行此操作，直至恒重（前后两次处理所得的质量之差不超过0.3mg）。

用已恒重的称量瓶称取约0.5g工业氯化钡试样，准确至0.0001g。然后将瓶盖横立在瓶口上，于125℃烘干1h，取出并放于干燥器中冷却至室温，称量。重复以上操作，直至恒重。

五、数据及结果

请将实验数据记录于下表中。

工业氯化钡中结晶水含量的测定

称量瓶编号	1	2
已恒重的空瓶质量/g		
称量瓶和试样的质量/g		
试样质量/g		
烘干后第一次称重（瓶和试样）/g		
烘干后第二次称重（瓶和试样）/g		
烘干后第三次称重（瓶和试样）/g		
烘干后第四次称重（瓶和试样）/g		
……		

称量瓶编号	1	2
烘干后最后一次称重(瓶和试样)/g		
结晶水质量/g		
结晶水含量/%		
结晶水平均含量/%		
相对偏差/%		

📚 延展阅读

强制检定设备

为深化"放管服"改革,进一步优化营商环境,市场监管总局组织对依法管理的计量器具目录(型式批准部分)、进口计量器具型式审查目录、强制检定的工作计量器具目录进行了调整,并于 2019 年 10 月 23 日发布了《市场监管总局关于发布实施强制管理的计量器具目录的公告》(2019 年第 48 号)。其明确规定:自本公告发布之日起,列入《目录》且监管方式为 V(强制检定)和 P+V(型式批准+强制检定)的计量器具,使用中应接受强制检定;其他计量器具不再实施强制检定,使用者可自行选择非强制检定或者校准的方式,保证量值准确。

强制检定的具体计量器具见《实施强制管理的计量器具目录》。

附录一　常见指示剂配制方法

指示剂名称	pH 变色范围	颜色变化	溶液配制方法
百里酚蓝(第一变色范围)	1.2～2.8	红—黄	0.1g 指示剂溶于 100mL 20％乙醇中
甲基黄	2.9～4.0	红—黄	0.1g 指示剂溶于 100mL 20％乙醇中
甲基橙	3.1～4.4	红—黄	0.05％水溶液
溴酚蓝	3.1～4.6	黄—紫	0.1g 指示剂溶于 100mL 20％乙醇中,或指示剂钠盐的水溶液
溴甲酚绿	3.8～5.4	黄—蓝	0.1g 水溶液,每 100g 指示剂加 0.05mol/L NaOH 2.9mL
甲基红	4.4～6.2	红—黄	0.1g 指示剂溶于 100mL 60％乙醇中,或指示剂钠盐的水溶液
溴百里酚蓝	6.0～7.6	黄—蓝	0.1g 指示剂溶于 100mL 20％乙醇中,或指示剂钠盐的水溶液
中性红	6.8～8.0	红—黄橙	0.1g 指示剂溶于 100mL 60％乙醇中
酚红	6.7～8.4	黄—红	0.1g 指示剂溶于 100mL 60％乙醇中,或指示剂钠盐的水溶液
酚酞	8.0～9.6	无—红	0.1g 指示剂溶于 100mL 90％乙醇中
百里酚蓝(第一变色范围)	8.0～9.6	黄—蓝	0.1g 指示剂溶于 100mL 20％乙醇中
百里酚酞	9.4～10.6	无—蓝	0.1g 指示剂溶于 100mL 90％乙醇中

附录二 常见酸碱浓度

试剂名称	密度（20℃）/(g/cm³)	质量分数 /%	物质的量浓度 /(mol/L)
浓 H_2SO_4	1.84	98	18
稀 H_2SO_4	1.18	25	3
浓 HCl	1.19	38	12
稀 HCl	1.10	20	6
浓 HNO_3	1.42	69	16
稀 HNO_3	1.20	32	6
稀 HNO_3		12	2
浓 H_3PO_4	1.7	85	14.7
稀 H_3PO_4	1.05	9	1
浓 $HClO_4$	1.67	70	11.6
稀 $HClO_4$	1.12	19	2
浓 HF	1.13	40	23
HBr	1.38	40	7
HI	1.70	57	7.5
冰醋酸	1.05	99	17.5
稀 HAc	1.04	34	6
稀 HAc		12	2
浓 NaOH	1.44	约41	14.4
稀 NaOH		8	2
浓 $NH_3 \cdot H_2O$	0.91	约28	14.8

化学分析基本操作技术

附录三　容量允差

容量瓶、吸量管和滴定管是滴定分析法中常用的玻璃容量器皿。由于制造工艺的限制、温度的变化、试剂腐蚀、使用过程中的磨损等，容量器皿的实际容积与其所标出的体积并非完全相符合，存在一定的差值，这差值必须符合一定的标准，该标准就是容量允差。

滴定管			吸量管（完全流出式）			容量瓶		
容积 /mL	容量允差（±）/mL		容积 /mL	容量允差（±）/mL		容积 /mL	容量允差（±）/mL	
	A 级	B 级		A 级	B 级		A 级	B 级
5	0.010	0.020	1	0.008	0.015	25	0.03	0.06
10	0.025	0.050	2	0.012	0.025	50	0.05	0.10
25	0.04	0.08	5	0.025	0.050	100	0.10	0.20
50	0.05	0.10	10	0.050	0.100	250	0.15	0.30
100	0.10	0.20	15	0.080	0.150	500	0.25	0.50
			25	0.010	0.200	1000	0.40	0.80

注：摘自 GB/T 12805—2011、GB/T 12806—2011、GB/T 12807—2021。

参考文献

[1] GB/T 23855—2018，液体三氧化硫．

[2] GB/T 12808—2015，实验室玻璃仪器　单标线吸量管．

[3] GB/T 12807—2021，实验室玻璃仪器　分度吸量管．

[4] GB/T 12806—2011，实验室玻璃仪器　单标线容量瓶．

[5] GB/T 15724—2008，实验室玻璃仪器　烧杯．

[6] GB/T 12805—2011，实验室玻璃仪器　滴定管．

[7] 胡伟光，张英．定量分析化学实验．3版．北京：化学工业出版社，2014．

[8] 马晓宇．分析化学基本操作．北京：科学出版社，2014．

[9] 余质坚．关于高纯试剂标准中的纯度和含量．化学试剂，1982（05）：57，68．